어, 지금 땅 움직였지

과학영재고
선생님의
지진 이야기

김도형 지음

㈜ 자음과모음

지진이라곤 동공지진밖에
모르는 십대에게

코로나19가 쏘아올린 '생존'이라는 키워드는 사람들로 하여금 지진과 같은 재해에도 주목하게 만들었다. 그리고 최근 한반도(특히 경주와 포항)의 유감 지진 빈도가 잦아지면서 안전지대는 어디에도 없다는 사실을 재인식시키는 계기가 되기도 했다. 다른 나라, 다른 사람의 일로만 느껴지던 지진이 점차 현실로 다가오고 있는 것이다.

5년 전쯤 나도 실제로 지진을 경험한 적이 있다. 학교에서 학생들과 함께 박편을 만들기 위해 두 팔 걷어붙이고 열심히 암석을 연마하고 있었는데, 갑자기 건물이 흔들리기 시작했다. 함께 있던 학생들은 무척 당황하여 동그랗게 뜬 눈으로 나만 쳐다보았다. 아이들의 눈동자에도 지진이 일었다. 나 역시 갑작스러운 상황에 당황했지만 침착하려고 애쓰며 학생들을 책상 아래로 대피하도록 했다. 그리고 건물에 흔들림이 잦아들었을 때, 모두 머리 위로 가방을 들고 건물을 빠져나와 운동장으로 달려 나갔다. 지진에 대해 많은 지식은 없었지만, 주기적으로 실시했던 지진 안전 교육 덕분에 나도 학생들도 무사히 대피할 수 있었다.

운동장에 모인 교사와 학생들은 지진으로 놀라고 두려운 마음을 쓸어내렸다. 그리고 안전이 확인되었을 때, 학생들 입에서는 쉴 새 없이 질문이 쏟아져 나왔다.

"방금 그거 지진 맞아요?"

"우리 학교는 안전한가요?"

"우리나라는 지진 위험지대가 아니잖아요."

"또 이렇게 큰 지진이 다시 올까요?"

"진도와 규모는 무슨 차이가 있어요?"

그때 아이들이 했던 수많은 질문에는 호기심보다 두려움과 불안함이 묻어 있었다. 말로만 듣던 지진을 직접 체험하고 나서 느낀 공포는 실로 대단했다. 말 그대로 생존을 위협당했다는 생각이 강하게 들었다. '하마터면' '조금만 늦었더라면' 하는 생각이 꼬리에 꼬리를 물었다. 그건 위험하게 흔들리는 학교 건물을 탈출한 학생들뿐만 아니라 그날 지진을 경험한 모든 사람들도 마찬가지였을 것이다. 지진은 어째서 이토록 많은 사람들을 두려움에 떨게 만드는 걸까?

사실 우리나라에서 가장 큰 피해를 몰고 오는 자연재해는 태풍

이다. 인명 피해 역시 지진보다 태풍으로 인한 것이 많다. 그럼에
도 불구하고 우리에게 태풍은 지진에 비해 두려움이 큰 대상으로
여겨지지 않는다. 왜 그럴까? 곰곰이 그 이유를 생각해 보면, 경험
의 차이가 아닐까 싶다.

　태풍은 일 년 동안 우리나라를 최소 몇 회 지나간다. 그럴 때마
다 뉴스, 기사 등을 통해 태풍에 대한 정보가 우리에게 닿는다. 직
접 경험하지 않더라도 간접적으로 경험하게 되는 것이다. 그리고
그 경험에서 쌓이는 정보와 지식이 더 이상 두렵지 않게 만들고,
충분히 피해를 줄이고 대처 가능하다는 믿음을 무의식적으로 갖
게 하는 것일지 모른다.

　하지만 지진은 뉴스, 기사 등에 그다지 자주 실리지 않는다. 놀

라운 것은 태풍보다 지진이 훨씬 더 자주 발생한다는 사실이다. 그럼에도 진동을 느낄 수 있는 규모가 되어야 비로소 사람들에게 지진을 알린다. 물론 규모가 작은 지진을 매번 알리는 것은 불필요한 정보를 계속 제공하는 일이 될 수도 있다.

그럼 도대체 어떻게 해야 지진에 대해 가지고 있는 막연한 두려움을 조금이라도 없앨 수 있을까? 지진에 대응하는 역량 강화가 꼭 필요한 지금, 학생들이 지진에 잘 대처할 수 있도록 어떻게 도울 수 있을까? 이 책은 이런 고민 끝에 나왔다.

아는 것이 곧 힘이라고 했다. 관련 정보와 지식을 아는 것과 모르는 것은 그 위험으로부터의 생존에 있어 굉장한 차이를 만든다. 따라서 지진이 무엇인지, 왜 일어나는지, 지진이 일어날 때는 어

떤 지질 현상이 나타나는지, 피해를 줄이는 방법으로는 어떤 것들이 있는지, 이를 위해 어떤 연구들이 이뤄지고 있는지를 청소년들이 대략적으로나마 알고 있다면 미래를 살아가는 데 도움이 될 것이다.

지진이 우리 삶에 미치는 영향을 예측하고 지진을 대처하는 데 이 책이 조금이라도 도움이 되기를 바란다. 나아가 지각변동으로 인해 앞으로 우리가 겪게 될 문제를 예측하고, 피해를 최소화하는 방안을 함께 모색해 볼 수 있다면 더할 나위 없겠다.

김도형

차례

1장

땅이 우리에게
보내는 신호

지구 퍼즐 조각의 비밀

안녕? 혹시 첫 수업을 앞두고 긴장하지는 않았니? 본격적으로 지진에 대해 공부하기 전에 우리 다 같이 스트레칭을 좀 해 볼까? 모두 자리에서 일어나서 제자리 점프를 한번 해 보자. 자, 시작!

"으아, 다 같이 뛰니깐 발밑이 흔들리는 것 같아요. 이렇게 땅이 흔들리는 것을 지진이라고 하는 거죠?"

글쎄, 땅이 흔들린다고 무조건 지진일까? 우리는 땅이 흔들리는 현상을 지진이라고 배웠어. 그런데 만약 아주 커다랗고 무거운 물체가 땅에 떨어진다면 어떨까? 운석이 지구와 충돌하거나 폭탄이 떨어지는 것처럼 말이야. 아마 그 충격으로 땅이 흔들리지 않을까? 그렇다면 그때도 과연 지진이라고 할 수 있을까? 자, 이제부터 진짜 지진 이야기를 해 줄게.

지금까지 관측 기록된 것 중 가장 큰 지진은 1960년 5월 22일 칠레에서 발생한 발디비아 지진이야. 규모가 무려 9.5에 달했지.

"규모 9.5는 어느 정도인가요?"

너희가 잘 이해할 수 있도록 예를 들어 볼게. 규모가 9.0인 지진은 1945년 히로시마에 떨어진 원자폭탄 약 32만 개에 해당하는 위력을 가지고 있어. 그럼 규모 9.5인 지진은 더 강력하겠지?

조금 더 쉽게 설명해 볼까? 코끼리의 무게가 평균 5톤이라고 한다면, 약 100억 마리가 1킬로미터 높이에서 동시에 떨어지는 것과 같지. 코끼리 100억 마리가 우리 머리 위에서 떨어진다고 생각

규모 9.0 지진의 힘

발디비아 지진으로 무너진 건물

해 봐. 아찔하지? 물론 규모 9.0 이상의 지진은 자주 발생하지 않아. 하지만 일단 발생하면 엄청난 피해를 입을 수밖에 없지.

"제가 알기로는 사망자 수가 가장 많았던 건 아이티 지진이에요. 그때 부모님이 후원을 하셨다고 들었거든요."

맞아. 아이티 지진은 20세기 이후 가장 많은 사망자를 발생시킨 지진 중 하나야.

"정말 안타까워요. 그럼 칠레 발디비아 지진보다 더 규모가 컸겠네요?"

과연 그럴까? 2010년 1월 12일에 발생한 아이티 지진은 규모가 7.0이었어. 하지만 사망자가 가장 많고 피해 정도도 심했지. 왜일까?

아이티는 진흙을 구워 먹을 정도로 굉장히 가난한 나라야. 지진에 대비해 건물을 튼튼하게 지을 여유가 없었지. 그리고 당시 지진은 많은 사람이 모여 있는 수도 근처에서 발생했어. 그렇다 보니 지금까지 관측된 규모 7.0 지진 중에서도 사망자가 많았어.

이렇듯 지진의 규모가 작아도 큰 피해를 입을 수 있어. 지진의 피해 정도는 건물 내진 설계 정도, 지진 발생 깊이 등 많은 요인을 고려해야 하기 때문이야.

우리나라는 이때 지진으로 어려움을 겪고 있는 아이티 사람들을 돕기 위해 약 1000만 달러에 달하는 원조를 보냈어. 또 단비부대와 중앙119 구조대원들이 파견되어 폐허가 된 아이티 지역에서 재건 활동을 했지. 우리나라가 어려울 때 여러 나라의 도움을 받았던 것처럼 우리나라도 다른 어려운 나라에 도움을 준 거야.

마찬가지로 동일본 대지진 때도 도움을 주었어. 동일본 대지진

엄청난 피해를 준 아이티 지진

은 2011년 3월 11일 산리쿠 연안 태평양 앞바다에서 일어난 해저 지진이야. 강력한 쓰나미가 발생해서 큰 해일이 덮쳤지. 해안에서 내륙까지 무려 10킬로미터 가까이 파도가 밀려들었어. 후쿠시마 원자력발전소 사고도 이 지진으로 인해 발생한 거란다. 막대한 인명 피해와 재산 피해를 입었지.

"아…… 지진은 정말 무섭고도 강력하군요."

그뿐만 아니란다. 지진이 지구자전축을 변화시켜서 기후 변화에 영향을 줄 수 있다는 이야기도 있어. 기후에 영향을 미치는 많은 요인들이 있는데, 그중 하나가 지구자전축이거든.

"지진 때문에 지구의 자전축이 바뀌고 기후가 변한다고요?"

2011년 이탈리아 국립 지구물리학·화산학연구소(INGV)의 한 수석 연구원이 동일본 대지진으로 인해 지구자전축이 10센티미터를 이동했다고 밝혔어. 자전축이 이동하면서 지구가 자전하는 데 걸리는 시간이 천만 분의 16초가량 짧아졌다는 분석도 나왔지. 2004년 인도네시아 수마트라 대지진 때는 약 7센티미터 정도 지구자전축이 이동했다고 해. 일각에서는 이러한 자전축의 변화가 향후 기후 변화에 영향을 미칠 수도 있다는 분석도 있단다.

이 지도를 함께 볼까? 조금 전에 이야기한 칠레 발디비아 지진, 아이티 지진, 동일본 대지진을 포함해서 규모가 가장 컸던 몇 개의 지진을 표시한 지도야.

동일본 대지진(2011.03.11.)
규모 9.1

알래스카 지진(1964.03.27.)
규모 9.2

아이티 지진(2010.01.13.)
규모 7.0

아프리카

남아메리카

남아시아 지진(2004.12.26.)
규모 9.2

칠레 발디비아 지진(1960.05.22.)
규모 9.5

대규모 지진 발생 지역

"어라? 지도가 좀 이상해요. 저 선들은 다 뭐예요? 마치 퍼즐 조
각 같아 보여요. 게다가 지진들이 발생한 위치가 저 선에 아주 가
까워요."

맞아. 저 선들은 바로 지구 퍼즐 조각이야. 자, 지도에서 남아메
리카 대륙의 오른쪽과 아프리카 대륙의 왼쪽 해안선을 보렴. 두
군데의 모양이 어때?

"아! 왜 퍼즐 조각이라고 했는지 알 것 같아요. 남아메리카 오른
쪽 해안선과 아프리카 왼쪽 해안선이 꼭 퍼즐처럼 맞춰질 수도 있
겠어요."

바로 이 모양을 보고 아주 오래전에는 남아메리카 대륙과 아프
리카 대륙이 하나의 땅이었을 거라고 생각했던 과학자가 있어. 혹

시 누군지 알고 있니?

"음, 책에서 본 것 같아요. 베게너 아닌가요?"

맞았어. 알프레트 베게너(Alfred Wegener)는 처음으로 대륙의 이동을 이야기했던 과학자야. 그런데 그 당시에는 대륙이 이동한다는 이야기는 너무나도 생소했고, 대륙을 이동시키는 원동력도 찾지 못했기 때문에 많은 과학자들을 설득하기 힘들었지. 하지만 이후 대륙이 이동해야만 나타날 수 있는 증거와 대륙 이동의 원동력이 밝혀지면서 베게너가 이야기했던 대륙 이동설이 받아들여진 거야.

"선생님, 설마 지금 이 순간에도 대륙이 이동하고 있나요?"

당연하지! 대륙은 해마다 수 센티미터 단위로 이동하고 있어. 아주 미세하게 움직이기 때문에 사람은 그 변화를 느끼지 못하지. 그런데 여기서 한 가지 짚고 넘어가야 할 것이 있어. 선생님이 계속 대륙의 이동이라고 말했지만, 사실은 대륙이 이동하는 게 아니라 판이 이동하는 거야. 그래서 정확히 말하면 '판의 이동'이란다.

"네? 판이요?"

판이 무엇인지 쉽게 설명해 줄게. 만약 운동을 하다가 발목을 다쳤다면 어디를 가야 할까?

"당연히 병원에 가야죠. 그리고 당장 엑스레이(X-Ray)를 찍어 봐야 해요. 뼈에 이상이 있을 수도 있으니까요."

맞아. 병원에 가서 엑스레이를 찍으면 몸속에 있는 뼈가 보이지. 그리고 엑스레이 말고도 여러 도구를 이용해서 간접적으로 몸속을 살펴볼 수도 있지. 그럼 지구의 내부 구조는 어떻게 알 수 있을까?

"직접 뚫고 들어가면 되죠."

그렇지. 직접 뚫고 들어가는 것이 가장 좋아. 직접적으로 볼 수 있잖아. 하지만 우리가 지금까지 직접 땅을 뚫을 수 있는 깊이는 20킬로미터도 안 돼. 지구 반지름이 약 6400킬로미터라는 걸 생각하면 터무니없이 얕은 깊이지. 그래서 간접적인 방법으로 지구 내부 구조를 살펴봐야 해. 바로 지진파를 이용하는 거지. 지진이 발생하면 엄청난 에너지가 생겨. 그리고 그 에너지로 인해 지진이 발생한 땅이 떨리고, 그 옆 땅이 떨리고, 그 옆옆 땅이 떨리면서 에너지가 전달되는데, 그게 바로 지진파야.

"지진파가 무엇인지는 이해했어요. 그런데 지진파를 통해서 어떻게 지구 내부 구조를 알 수 있나요?"

똑같은 상자 두 개가 있다고 생각해 보자. 그리고 이 두 상자의 한쪽 벽에서 반대쪽 벽까지 달리기를 하는 거야.

열심히 달려서 목표 지점까지 도착하는 데 A상자에서는 10초가 걸렸고, B상자에서는 5초가 걸렸어. 분명 똑같은 사람이 똑같은 밥을 먹고, 똑같은 운동화를 신고, 똑같이 최선을 다했거든. 그런데 도착하는 시간이 왜 달랐을까?

매질에 따라 달라지는 이동 속도

"동화 '토끼와 거북이' 이야기처럼 A상자에서는 중간에 잠깐 쉰 게 아닐까요?"

아냐, 정말 두 상자에서 모두 최선을 다해서 달렸어. 하지만 너희에게 이야기하지 않은 사실이 하나 있지. 바로 상자 내부에 있는 물질이야. 한 상자에는 아스팔트가 깔려 있었고, 한 상자에는 물이 무릎까지 차 있었지. 과연 어떤 상자에 물이 들어 있었을까?

"당연히 A상자죠. 물에서 뛰는 게 얼마나 힘든데요."

그래, 바로 그거야! B상자에 깔려 있는 아스팔트 위로 쌩쌩 달릴 때는 5초밖에 걸리지 않았어. 그런데 A상자에서는 물속을 뛰려니 10초나 걸렸어. 그런 원리로 우리도 지구 내부 구조를 알아낼 수 있는 거지. 이 원리를 지구에 적용해 볼까?

지진이 발생한 뒤 지진파가 도착하는 시간을 이용하면 지구 내부를 알 수 있어. 시간을 이용해서 지진파가 지나온 매질의 밀도를 구할 수 있고, 밀도를 이용하여 온도, 화학 조성 등을 파악할 수 있단다.

"지진으로 지구 내부 구조를 밝혀냈다니 정말 신기해요. 물론 정확하게는 지진파지만요."

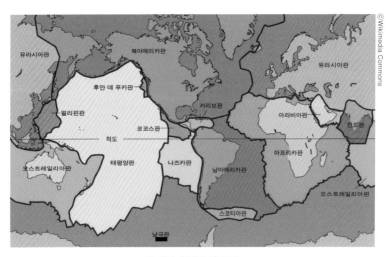

20세기 후반의 판 구조

과학자들은 우리가 밟고 있는 딱딱한 땅이 지각과 맨틀의 윗부분이라는 것을 알아냈어. 그리고 그 아랫부분은 비교적 움직임이 쉬운 젤리와 같은 고체라는 것도 밝혀냈지. 이 부분이 우리가 맨틀이라고 부르는 곳이야. 비교적 움직이기 쉬운 고체 위를 지각과 맨틀의 윗부분이 둥둥 떠다니는 것으로 설명하기도 해. 이렇게 새로운 사실을 알아낸 사람들은 이를 설명할 새로운 개념이 필요했어. 그래서 나온 것이 바로 '판'이야. 그러니까 판은 지각과 맨틀의 윗부분이라고 생각할 수 있지.

크고 작은 여러 판 중에서 우리나라는 유라시아판에 속해 있어.

"이제 보니까 알겠어요. 아까 지진 발생 지역을 나타낸 지도에서 봤던 선들은 판과 판의 경계였네요!"

제대로 이해했구나. 그럼 아까 말했던 지진들의 발생 위치를 판

지진	발생일	규모	위치
칠레 발디비아 지진	1960.5.22.	9.5	나즈카 판과 남아메리카 판 경계
남아시아 지진	2004.12.26.	9.2	오스트레일리아 판과 유라시아 판 경계
동일본 대지진	2011.3.11.	9.1	북아메리카 판과 태평양 판 경계
알래스카 지진	1964.3.27.	9.2	북아메리카 판과 태평양 판 경계
아이티 지진	2010.1.13.	7.0	북아메리카 판과 카리브 판 경계

판의 경계와 지진의 발생

의 위치와 함께 다시 한번 살펴볼까?

"선생님, 이 지진들은 모두 판 경계 근처에서 일어났어요. 지진은 판 경계에서만 발생하나요? 그럼 우리나라도 판의 경계에 있는 건가요? 우리나라도 몇 해 전에 경주와 포항에서 지진이 있었잖아요."

꼭 그렇다고 할 수는 없단다. 판의 경계가 아니더라도 지진이 일어날 수 있거든.

어디서든 일어날 수 있다

지진이 발생한 위치를 살펴보면 대부분 판 경계 근처에서 있다는 걸 알 수 있어. 하지만 반드시 판 경계에서만 지진이 일어나는 것은 아니란다.

"판의 경계 근처가 아니더라도 지진이 발생하나요? 그렇다면 분명 지진을 발생시키는 힘이 있을 텐데, 그게 뭘까요? 대부분 판의 경계 근처에서 지진이 발생한다는 것은 판의 안쪽보다 판의 경계 근처에서 그 힘이 더 크다는 의미 같아요."

아주 좋은 접근이야. 과연 어떤 힘이 지진을 일으키는 것일까?

"선생님, 너무 웃겨요. 도대체 이 그림은 뭐예요?"

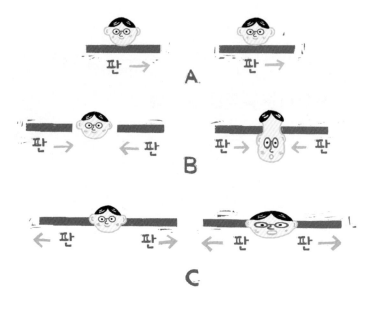

지진을 일으키는 힘과 판의 경계

이건 바로 선생님 얼굴이야. 시간이 흐른 뒤 선생님 얼굴이 어떻게 되었지? A에서는 잘생긴 얼굴이 변함없이 그대로 유지되었고, B에서는 얼굴이 위아래로 길게 늘어났지? 그리고 C에서는 양옆으로 쭈욱 늘어났어. 여기서 중요한 점은 선생님 얼굴이 판의 어디에 위치하느냐에 따라 아주 많이 달라진다는 거야. A는 판의 경계가 아닌 판 내부에 위치하고 있는 경우, B는 판과 판이 부딪치는 곳에 있는 경우, C는 판과 판이 멀어지는 곳에 있는 경우라고 볼 수 있어.

"판의 경계 근처는 상대적으로 판의 움직임이 크기 때문에 지진이 자주 발생한다는 이야기죠? 그래서 대부분의 지진이 판의 경계 근처에서 발생하는 거예요."

그렇지. 이해를 잘하는데?

"그런데 판은 매일 조금씩 이동하고 있다고 했잖아요. 그렇다면 매일매일 지진이 발생해야 하는 것 아닌가요?"

맞아. 지진은 매일 발생하고 있어. 우리가 지진에 대해 공부하고 있는 이 순간에도 지진이 일어나고 있지. 하지만 규모가 작은 지진은 사람이 느끼지 못하기 때문에 모르고 지나가는 것일 뿐이야. 그럼 우리가 느낄 수 있는 지진은 비교적 규모가 큰 지진이겠지? 거꾸로 이야기해 보면, 매일 사람이 느낄 만한 규모의 지진이 발생하지 않는다는 것은 어느 정도 큰 규모의 지진이 되기까지 조금씩 땅에 힘이 누적되고 있다는 뜻이지.

그러다 어느 순간 "에잇, 더 이상 못 참아. 참지 않을 거야" 하고 에너지를 분출하면서 땅이 흔들리는 거야. 미국의 지진학자인 해리 리드(Harry Reid)가 주장한 지진 발생 이론이지. 그는 1906년 캘리포니아 대지진이 발생한 후 샌앤드레이어스 단층을 조사하여 지진의 원인을 밝히는 과정에서 이 같은 탄성반발설을 주장했어.

"선생님, 그럼 판의 경계 근처에 단층이 많이 존재하나요?"

그렇지. 지 구조 운동 등으로 지층이 어긋나 있는 것을 단층이

과정	설명	탄성반발설
	힘이 가해지기 전 나무 막대기는 원래의 모습	힘이 가해지기 전 지각은 원래의 모습을 유지
	힘이 가해지기 시작하면서 막대기가 변형되고 에너지가 축적됨	힘이 가해지기 시작하면서 지각의 모양이 변형되고 에너지가 축적됨
	막대기 강도 한계를 넘는 힘이 가해지면 막대기가 부러짐	지각 강도 한계를 넘는 힘이 가해지면 지각이 부서짐 → 단층 형성
	막대기에 축적된 탄성 에너지가 해소됨	지각에 축적된 탄성 에너지가 해소됨 → 지진파

탄성반발설에 따른 지진의 발생 원리

라고 하는데, 판 경계 종류에 따라 주로 나타나는 단층의 모습도 다르단다.

단층으로 인해 어긋나 있는 면을 단층면이라고 불러. 그리고 단층면이 경사져 있을 때 그 윗부분을 상반, 아랫부분을 하반이라고 해. 이때 단층에 작용하는 힘에 따라 정단층과 역단층으로 구분할 수 있어.

정단층은 양옆으로 잡아당기는 힘(장력)이 작용한 단층이야. 상반이 미끄러져 내려 하반보다 아래에 위치해 있는 모양이야. 반대

30

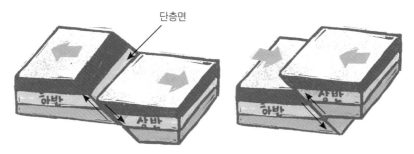

정단층(좌)과 역단층(우)에 작용하는 힘

로 역단층은 양쪽에서 미는 힘(횡압력)이 작용한 단층이야. 상반이 하반보다 위로 올라가 있는 모양이란다. 판과 판이 멀어지는 경계에서는 양옆으로 잡아당기는 힘이 작용해서 정단층이 주로 나타나고, 판과 판이 부딪치는 경계에서는 양쪽에서 미는 힘이 작용해서 역단층이 주로 나타나. 그리고 단층이 있는 지역에서는 단층을 중심으로 힘이 축적되면 또 지진이 발생할 수 있는 거지.

"단층은 판 경계 근처 외에 판 내부에도 많이 존재하잖아요. 그때 이러한 단층의 움직임으로 판 내부에서 지진이 발생하는 것을 설명할 수 있겠군요."

굿굿굿! 그렇지. 우리나라는 판의 경계보다는 판 내부에 속해 있어. 그런데도 수많은 지진이 발생해 왔고 앞으로도 발생하겠지. 이렇게 우리나라처럼 판 내부에서 발생한 지진의 원인은 단층에 의한 움직임으로 살펴볼 수 있어.

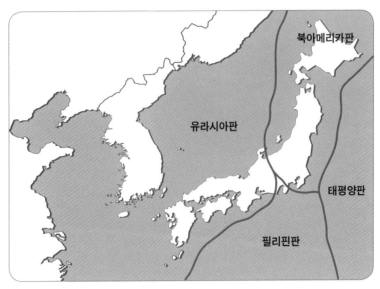

우리나라 주변의 판 구조

"단층을 움직이는 힘은 주변 판들의 상대적인 운동인가요?"

맞아. 우리나라 주변 판들을 볼까?

유라시아 판에 속해 있는 우리나라 주변에는 북아메리카판, 태평양판, 필리핀판이 있어. 이 상대적인 판들의 움직임에 의한 힘이 우리나라 단층에도 아주 조금씩이지만 누적되고 있는 거야. 즉, 지진은 어디서든지 발생할 수 있어. 물론 판의 경계 근처이면서 단층이 존재하는 곳만큼 자주 발생하지는 않지만 말이야.

진실 혹은 거짓, 1500미터 파도

바다에서도 지진이 발생할 수 있단다. 정확하게는 바다 아래에 있는 지각에서 지진이 발생할 수 있지. 이를 해저 지진이라고 해. 선생님은 해저 지진을 생각만 해도 아찔하고 무서워져.

"왜요? 바닷속에는 사람이나 건물도 없는 데다 우리랑 멀리 떨어져 있잖아요. 해저 지진이 일어나면 도대체 어떤 일이 일어나나요?"

해저 지진이 일어나면 우리가 평소에 경험하지 못하는 파도가 발생하지. 해저 지진이 무서운 이유는 이 커다란 파도 때문이야. 해저 지진으로 인해서 파도가 해안가로 밀려와 집, 자동차 등을

세계적으로 피해가 가장 컸던 2004년 남아시아 지진해일

한순간에 휩쓸어 버리거든. 너희도 한 번쯤 들어 보지 않았니?

"아! 쓰나미 말이죠?"

맞았어. 흔히 쓰나미라고 부르는 지진해일이야. 바다 아래 지각에서 지진이 일어나면 그 에너지가 바다에 전달되고 거대한 파도가 되어 해안가에 도달하는 현상이야.

"지진해일이 어떻게 발생하는지 좀 더 자세히 듣고 싶어요."

어떻게 설명하면 좋을까? 그래, 생존 수영을 배우러 다 같이 수영장에 갔던 때를 떠올려 보자. 그때 무슨 일이 있었니?

"아! 선생님이 분명히 수영장에서 주의해야 할 행동을 알려 주셨는데, 원우가 '풍덩' 하고 다이빙을 했잖아요. 그 충격으로 멀리 떨어져서 생존 수영 방법을 설명하고 계셨던 체육 선생님 코에 물이 들어갔고요."

맞아. 그래서 선생님이 원우에게 따끔하게 주의를 주었지. 그런데 우리가 지금 이야기해야 할 것은 원우가 혼났다는 사실이 아니라 원우의 다이빙으로 인해 멀리 떨어져 있었던 체육 선생님 코에 물이 들어갔다는 점이야. 지진해일이 발생하는 원리랑 비슷하기 때문이지.

"정말이요? 지진이랑 다이빙이 비슷하다고요? 전혀 이해되지 않아요."

좋아. 지금부터 설명하는 내용은 용어가 조금 생소할 수도 있어. 하지만 너희라면 충분히 이해할 수 있을 거야. 원우가 다이빙을 하면서 물속으로 뛰어들었지? 높은 곳에서 낮은 곳으로 말이야. 즉, 위치 에너지에 변화가 있었다는 뜻이지. 위치 에너지는 물체가 어떤 특정한 위치에서 정해진 위치로 돌아갈 때까지 일을 할 수 있는 잠재적 에너지를 말해. 원우가 물속으로 뛰어들었을 때, 위치 에너지가 물을 출렁이게 만드는 힘으로 변한 거야. 그리고 이 에너지는 물을 출렁이면서 옆으로 끊임없이 전달돼. 운동 에너지의 형태로 말이야. 다시 말해, 위치 에너지가 운동 에너지로 바뀌면서 파도를 발생시킨 거야.

우리가 흔히 호수나 바닷가에 가서 많이 하는 놀이가 있지? 돌

던지기. 돌을 던지면 물이 출렁이잖아. 그것도 마찬가지로 위치 에너지가 운동 에너지로 바뀌었기 때문이란다.

한번 상상해 볼까? 지층은 최소한 킬로미터 단위의 크기야. 그리고 바다 아래 지각과 해수면까지는 무려 평균 4킬로미터에 달하지. 가로, 세로, 높이가 1미터인 정육면체에 물을 가득 담으면 1톤이잖아. 그렇다면 지층 위에 있는 물 무게를 생각해 봐. 한쪽 지층이 위로 아주 조금 이동했더라도 그만큼의 물이 위로 올라갔다가 내려온다니, 굉장히 아찔하지 않니?

"우아…… 해저 지진에 의해 위로 올라갔던 물이 다시 내려온다면 정말 엄청난 위치 에너지가 있겠네요."

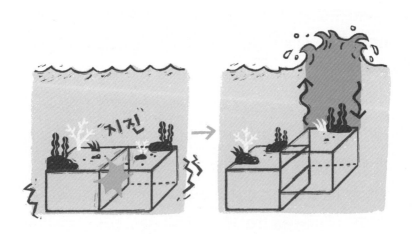

해저 지진 발생 시 솟아오르는 바닷물

맞아. 그 위치 에너지가 모두 운동 에너지로 바뀐다고 생각하면 위력이 대단할 것 같지 않아? 그러니까 무서운 지진해일을 발생시킬 수 있는 거지.

더 직관적으로 에베레스트산에 비유해서 이야기해 볼까? 만약 에베레스트산 전체를 1미터 들어 올린 다음 지표로 '쿵' 하고 떨어뜨린다면 어떨까?

"히익! 생각만 해도 엄청 무서운 일이 벌어질 것 같아요."

맞아. 이제 해저 지진이 무서운 이유를 알겠지?

"선생님, 궁금한 것이 생겼어요. 바닷속에서 지층이 아주 조금만 위로 이동한다면 파도 높이도 그만큼만 높아지지 않을까요? 그런데 지진해일은 높은 나무나 건물을 다 덮고도 남을 만큼 사람보다 몇 배나 더 큰 파도로 밀려오잖아요. 왜 그런 거예요?"

주호의 말처럼 해저 지진이 발생하면 처음에는 파도의 높이가 높지 않아. 지진이 발생한 위치에 가깝게 있다면 파도가 높지 않기 때문에 지진이 발생했는지도 모를 정도지. 하지만 속도는 엄청 빨라. 그리고 수심이 얕은 해안가 근처까지 오면 파도의 속도가 느려져. 그런데 왜 파도의 높이는 높아질까?

지진에 의해 발생한 에너지가 해안가로 전달되기 때문이야. 깊은 바다에서는 파도가 높지 않기 때문에 엄청난 지진 에너지를 고스란히 해안가로 전달하기 위해서는 속도가 빨라야 해. 반대로 해

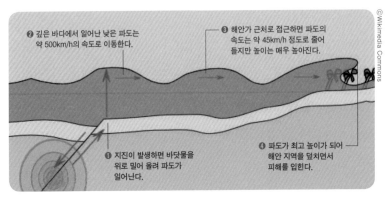

지진해일 발생 과정

안가로 다가올수록 파도의 속도가 느려지기 때문에 지진 에너지를 전달하기 위해서 파도가 높아지는 것이지.

"조금 이해되는 것 같아요. 그럼 지진해일에 의한 파도 높이는 10미터가 넘나요?"

"10미터가 넘는 파도가 어디 있냐? 높아 봤자 5미터 정도겠지."

둘 중 과연 누구의 말이 맞을까? 동일본 대지진에 의해 형성된 파도의 높이는 약 40미터였어. 그에 비하면 우리 같은 사람은 아주 작지.

"상상도 못 했던 높이에요. 엄청난 힘을 가진 자연 앞에서 정말 조심히 살아야겠어요. 그럼 지구에서 가장 큰 지진해일은 언제였을까요?"

글쎄, 해저 지진보다 더 강력한 충격이 있었을 때가 있지 않을까? 너희는 공룡이 왜 멸종했는지 알고 있니?

"아! 공룡이 멸종한 가장 유력한 이유는 소행성 충돌이잖아요. 소행성이 바다로 떨어지면 엄청 큰 파도가 형성될 것 같아요."

맞아. 직접 관측된 것은 아니지만 미국 미시간대학교에서 연구한 결과, 최초로 발생한 지진해일의 높이는 약 1500미터에 달하는 것으로 나타났어.

"네? 1500미터요?"

1500미터의 거대한 파도라니 굉장하지?

"우리나라는 지진해일 안전지대라서 정말 다행인 것 같아요."

"맞아. 내가 태어나고 지금까지 단 한 번도 지진해일이 온 적은 없었어."

우리나라가 안전지대라고 생각하니? 아직 안심하기는 일러. 우리나라에서도 커다란 지진해일 때문에 피해를 입은 적이 있단다.

1983년 일본 아키다현 서쪽 바다에서 발생한 규모 7.7의 지진으로 인해 우리나라 동해안의 임원 지역에 3.1미터의 지진해일이 왔어. 사망, 실종, 부상 등의 인명 피해와 선박 피해 등 총 3억 7000여 만 원의 막대한 재산 피해를 입혔지. 그 외에도 지진해일 피해를 입었던 적이 몇 번 더 있었단다. 1940년 홋카이도 서쪽 해역에서 발생한 규모 7.5 지진, 1964년 니가타 서쪽 해역에서 발생한 규모 7.5 지진, 1993년 홋카이도 남서쪽 해역에서 발생한 규모

동해 삼척항에 덮친 지진해일로 망가진 어선들

7.8의 지진 등으로 우리나라 동해안 지역이 피해를 입었지.

1993년에 발생한 홋카이도 지진해일이 전파되는 모습을 시뮬레이션해 보면, 지진이 발생하고 90분에서 120분 사이에 지진해일이 우리나라 동해안에 도착한다는 것을 알 수 있어. 엄청난 속도지? 이처럼 빠른 지진해일이 우리나라에 도달한다면, 우리나라 역시 안전지대는 아닐 거야.

"그럼 빠른 속도를 가진 지진해일이 오면 우리는 꼼짝없이 피해를 입을 수밖에 없겠네요."

그렇지 않아. 전조 현상을 잘 살펴보면 큰 피해를 막을 수도 있단다. 1854년 12월 24일 일본 난카이 지역의 어느 마을에서 있었던 일이야. 한 할아버지가 바닷물이 갑자기 바다 쪽으로 순식간에 빠져나가는 것을 목격했어. 그리고 이상한 굉음까지 들렸지. 할아버지는 오랜 세월 동안 수많은 지진을 겪은 경험을 바탕으로 엄청난 파도가 몰려올 것을 직감할 수 있었어. 하지만 아랫마을 사람들에게 알릴 방법이 없었지. 할아버지는 일부러 자신의 논에 불을 붙여서 사람들이 불을 끄러 높은 산으로 올라오도록 했어. 불길을 본 마을 사람들이 산으로 올라오자마자 거대한 파도가 밀려들었지. 그렇게 집, 논 등은 파도에 휩쓸려 갔지만 가장 소중한 목숨만은 구할 수 있었어.

"선생님! 그럼 바닷물이 순식간에 빠져나가는 것이 지진해일의 전조 현상인가요?"

맞아. 보통 지진해일이 오기 전에는 바닷물이 빠져나가는 현상이 목격되고 있어. 이를 발견하면 무조건 대피해야 해. 지진해일에 대해 잘 모르는 사람들은 단순히 바닷물이 갑자기 빠져나가는 것을 신기해하거나 물고기를 잡으려고 더 멀리까지 나가기도 해. 무척 위험하지.

태국 푸켓에서는 지진의 전조 현상을 발견하고 100여 명의 목숨을 구한 열 살 소녀가 있었어. 바닷가에 놀던 틸리 스미스는 바닷물이 부글거리면서 발생하는 거품을 보고 어른들에게 알려서 사람들이 대피할 수 있도록 했지. 너희처럼 학교 수업 시간에 열심히 배운 덕분이었어. 한 인터뷰에서 스미스는 지진해일에 대해서 교육받은 게 얼마나 중요한 역할을 했는지 이야기했어.

"정말 그런 것 같아요. 저희도 더 열심히 수업을 듣고 지진해일과 관련된 전조 현상이 나타난다면 얼른 대피해야겠어요."

지진이 대기권을 변화시킨다

"지진의 영향을 받지 않는 하늘에서 살면 얼마나 좋을까요?"

섣부른 판단은 금물이야. 과연 하늘에는 지진의 영향이 없을까? 사실 아주 높은 대기권에도 큰 변화가 나타나. 특히 지진이 전리층의 전자 밀도 변화에 영향을 줄 수 있어.

"전리층이요? 대기권은 대류권, 성층권, 중간권, 열권으로 구분되는 것으로 알고 있는데, 전리층은 어디에 속하나요?"

대류권, 성층권, 중간권, 열권은 높이에 따른 온도 변화를 기준으로 대기권을 나눈 거야. 하지만 온도 변화 말고 다른 요인으로도 대기권을 구분할 수 있어. 반 친구들을 여러 가지 그룹으로 나눌 때도 남자와 여자, 키가 큰 사람과 작은 사람, 안경 쓴 사람과 쓰지 않은 사람 등 여러 가지 기준으로 나눌 수 있는 것처럼 말이야.

"선생님. 그럼 대기권을 구분하는 또 다른 요인으로는 무엇이 있나요?"

대기권은 전자의 밀도를 기준으로도 나눌 수 있어.

"원자핵 주변을 열심히 돌아다니는 전자 말인가요?"

그렇지. 하지만 여기서 말하는 전자는 원자핵이 붙들고 있는 전자(속박전자)가 아니라, 원자핵으로부터 자유롭게 움직이는 전자(자유전자)야.

"자유전자가 되기 위해서는 원자핵에서 벗어날 수 있을 만한 에너지가 필요할 것 같아요."

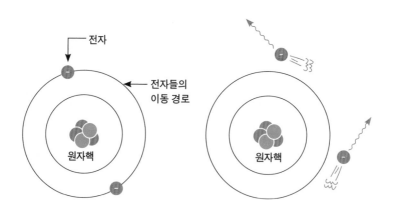

속박전자(좌)와 자유전자(우)

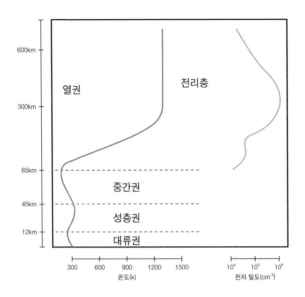

대기권의 온도와 전자 밀도

그렇지. 원자핵이 붙들고 있는 힘을 극복해야만 자유 전자가 될
수 있어. 그러면 그 에너지는 어디서 얻을까?

"음…… 대기권이니까 태양 에너지를 얻을 수 있을 것 같아요."

맞아. 태양에서 강한 빛 에너지가 지구로 들어오면 원자핵과 전
자로 이루어져 있는 원자 및 분자가 에너지를 받는단다. 그럼 이
에너지를 받은 원자 및 분자를 구성하는 전자들이 원자핵을 떠나
자유롭게 이동할 수 있게 되지. 그래서 지구 대기권에서도 전자
밀도가 상대적으로 높은 곳이 있고, 낮은 곳이 있어.

"어? 더 높은 곳으로 갈수록 전자의 밀도가 높아질 줄 알았는데, 이 그래프를 보니까 높이 올라간다고 전자 밀도가 높아지는 것은 아닌 것 같아요. 그리고 대류권, 성층권, 중간권에는 전자 밀도 그래프가 없어요."

왜 그럴까? 자유전자가 되기 위해서는 두 가지가 필요해. 대기를 구성하는 원자 및 분자, 그리고 강력한 태양 에너지가 필수적이야. 그래서 지표와 가까운 쪽은 대기를 구성하는 입자는 많지만 강력한 태양 에너지가 비교적 적게 도달하고, 아주 높은 곳은 강력한 태양 에너지가 비교적 많이 도달하지만 대기를 구성하는 입자가 적기 때문에 전자 밀도에 차이가 나지. 대기를 구성하는 원자와 분자, 그리고 태양 에너지가 적절한 곳에서 자유전자가 많이 발생하는 거야. 그리고 전자의 밀도가 높은 층을 우리는 전리층이라고 부르고 있어.

"그럼 지진이 전리층에 영향을 줄 수 있다는 말은 지진 에너지가 아주 높은 곳에 있는 전리층의 전자 밀도를 변화시킨다는 뜻인가요?"

그렇지. 네팔 지진과 관련된 전자 밀도 변화 이야기를 해 줄게. 2015년 네팔에 규모 7.8에 달하는 대형 지진이 발생했어. 지진이 발생한 곳은 유라시아판과 인도판이 충돌하는 경계에 있기 때문에 강력한 지진이 일어날 수 있었지.

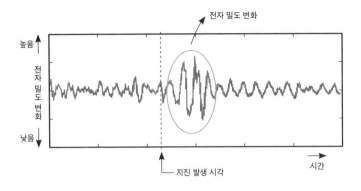

전자 밀도 변화

높음

전자 밀도 변화

낮음

지진 발생 시각

시간

네팔 지진으로 인한 전리층의 편차

"네팔에는 에베레스트산이 있잖아요. 규모 7.8 지진이라면 에베레스트산도 영향을 받지 않았을까요?"

당연히 에베레스트산에도 영향을 주었지. 그 결과 엄청난 눈사태가 일어나서 많은 사람의 목숨을 빼앗아 갔어. 이때, 전리층에도 변화가 발견되었단다.

전리층의 전자 밀도 변화 그래프를 보면 지진 발생 후 크게 변하는 부분을 발견할 수 있을 거야. 그 후에는 전자 밀도가 평소와 비슷해져.

2013년에 있었던 7.0 규모의 루산(야안시) 지진에서도 전자 밀도 변화가 관찰되었어. 마찬가지로 지진이 발생한 후 전자 밀도가 급격하게 변했지. 전자 밀도 편차 그래프를 보면 더 명확한 전자

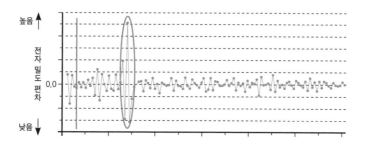

루산 지진에서 관찰된 전자 밀도 변화

밀도 변화를 볼 수 있어. 특정 시각을 기준으로 해서 주변 시간의 전자 밀도 변화의 평균값을 구하고, 그 편차를 나타낸 것이지. 0에 가까울수록 전자 밀도 변화가 작고, 멀어질수록 밀도 변화가 크다는 것을 뜻해.

"지진이 정말 전리층의 전자 밀도를 변화시켰네요! 그런데 우리나라에서는 네팔 지진이나 루산 지진과 같은 대형 지진이 발생하지 않잖아요. 그럼 지진이 발생하더라도 전리층에 밀도 변화가 없지 않을까요?"

사실 전리층의 전자 밀도 변화는 규모 6.0 이상의 대형 지진을 대상으로 활발하게 연구가 진행되었어. 규모가 작은 지진의 경우 전리층에 변화를 줄 수는 있지만 변동량이 미미하기 때문에 연구 대상에서 제외되었거든, 지금까지는.

48

"그럼 규모가 6.0 이하인 지진에 대해서도 연구가 되고 있나요?"

그렇단다. 꾸준한 연구에 의해 진앙과 충분히 가까운 관측소에서는 규모 5.0 미만의 지진에 의해서도 전리층의 전자 밀도 변화가 탐지될 가능성이 있음을 제시하고 있어. 또 다른 연구에 따르면 2009년 인도에서 발생한 규모 5.0 수준의 지진들에 의해 전리층 총 전자수가 증가했음을 확인했다고 해.

"선생님, 그럼 우리나라에서도 지진에 의한 전리층 변화를 확인할 수 있을까요?"

우리나라에서도 지진으로 인한 전리층 변화가 연구되었어. 경주 지진이 발생한 후 진주, 울산 관측소에서 관측한 전리층 전자 밀도 변화에 따르면, 규모가 큰 지진에 비하면 변동 폭이 작긴 하지만 확실히 전자 밀도에 변화를 보였단다. 포항 지진이 발생한 후 연천 관측소와 춘천 관측소에서 관측한 전자 밀도 변화 역시 마찬가지였지. 북한 6차 핵실험에 의한 인공 지진이 발생한 후 상주 관측소와 울진 관측소에서 관측한 전자 밀도에도 변화가 있었어.

"우리나라도 지진에 의해 전리층의 전자 밀도에 변화가 나타날 수 있다는 것을 들으니까 정말 신기하고 재미있어요. 지진이 방출하는 에너지가 높은 하늘까지 전달되어 자유전자 밀도를 높인다니 지진의 힘이 정말 굉장한 것 같아요."

자연이 만들었을까
사람이 만들었을까

2017년 9월 3일 북한은 길주군 풍계리 핵실험장에서 6차 핵실험을 했어. 이때 지진파가 감지되었지. 진원의 깊이는 0킬로미터이고, 파형 분석상 S파보다 P파가 훨씬 큰 인공 지진이었어. 그 규모는 5.6이었는데, 우리나라에서 일어난 지진 중 몇 안 되는 아주 큰 규모야.

진원은 지구 내부에서 지진이 발생한 위치를 말해. 그리고 진원에서 연직으로 지표면과 만나는 위치를 진앙이라고 하지.

"그럼 진원의 깊이가 0킬로미터라는 것은 지표에서 발생한 지진이라는 말이네요?"

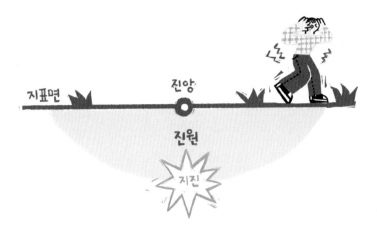

지진 에너지가 처음 방출되는 땅속 진원과 지표면의 지진 발생지 진앙

그렇지. 우리가 지금까지 공부했던 지진들의 진원은 어느 정도
의 깊이를 가지고 있어. 하지만 핵실험을 할 때 지각을 뚫고 깊은
곳에서 실험을 하지는 않잖아. 지표 근처에서 핵실험을 했기 때문
에 진원의 깊이가 0킬로미터인 것이지.

지금까지 공부했던 지진들은 모두 자연 지진이야. 하지만 핵실
험으로 인해 발생한 지진은 인공 지진이라고 불러. 인공 지진이란
인간의 활동으로 지각의 변형을 일으켜 발생하게 되는 지진을 말
한단다.

"도대체 누가 일부러 지진을 일으키나요? 지진이 얼마나 무서
운데."

사람의 이로움을 위해 하는 활동이 인공 지진을 일으킨다고 할 수 있어. 인공 지진의 원인 몇 가지를 살펴보면, 첫 번째는 조금 전에 이야기한 것과 같은 핵실험이야. 핵실험은 지금까지 인간 활동으로 일으킬 수 있는 가장 큰 인공 지진의 원인이지.

두 번째는 인공 호수 및 댐 건설이야. 크고 깊은 인공 호수의 많은 물과 물이 새어 나가지 않도록 설치한 댐의 무게로 인해 기존에 있던 단층이나 암석의 틈 사이에 힘이 가해지면 지진이 발생할 수 있어. 실제로 1967년 인도 마하라슈트라주 코이나나가르에서 일어난 규모 6.7의 지진은 코이나 댐 근처에서 발생했고, 1963년 이탈리아에서는 바이온트 댐이 건설되고 물이 차기 시작하자 지진 활동이 일어났지. 물이 거의 다 채워졌을 때는 산사태가 발생하여 수많은 사람들의 목숨을 빼앗아 갔어. 산사태로 댐의 호수가 없어진 후에는 지진 활동이 일어나지 않고 있지.

세 번째는 광물 채굴 활동이야. 광물을 채굴하기 위해 암석을 깰 때 보통 폭탄을 사용하기 때문에 지진이 발생할 수 있어.

"자연 지진뿐만 아니라 인공 지진도 무척 위험할 수 있네요. 그런데 선생님, 아까 인공 지진은 파형 분석상 S파보다 P파가 훨씬 크다고 하셨잖아요. P파와 S파는 무엇을 말하나요?"

P파와 S파는 처음 배우는 거니까 우리 주변에서 흔히 볼 수 있는 것에서부터 시작해 보자. 수조에 물을 가득 담고 무거운 추를

한가운데 떨어뜨리면 어떻게 될까?

"우선 수조 한가운데 추가 떨어진 곳에 있는 물이 출렁이고 그
다음으로 수조 가장자리에 있는 물 역시 출렁일 거예요. 지진해일
이 일어나는 것처럼 말이에요."

맞아. 한가운데도 출렁, 수조 가장자리에도 출렁! 즉, 한가운데
에서 발생한 에너지가 수조 가장자리까지 도달한 것으로 볼 수 있
어. 무엇을 통해 에너지가 전달되었을까?

"수조 안에 있는 물이 에너지를 전달하는 거예요."

정답이야. 이렇게 에너지를 전달해 주는 역할을 하는 것을 매질
이라고 한단다. 그리고 수조에 추를 떨어뜨림으로써 우리가 만들
어 낸 것은 물결파라고 할 수 있지.

"아하! 지진으로 설명한다면 땅속 물질이 매질인 거죠?"

지진에 의해 발생된 에너지는 지구 내부를 통과하면서 전달되
지. 그러니까 매질은 지구 내부 물질이야. 쉽게 이야기하면 지층,
암석, 지각 등을 매질이라고 할 수 있지. 그리고 수조의 물이 출렁
이는 것처럼 매질 역시 움직인단다.

"그럼 지구를 수조에 비유한다고 하면, 지진이 만들어 내는 것
이 지진파겠네요?"

고무줄을 힘껏 잡아당긴다고 생각해 봐. 언제 끊어질지 몰라서
긴장되지? 그럼 잡아당겼던 손을 놓으면 어떻게 될까?

"고무줄은 다시 원래대로 돌아가려는 힘이 있으니까 원래 모습으로 돌아올 거예요."

지진파 역시 이 힘 때문에 에너지가 전달되는 거란다. 예를 들어, 선생님이 만약 지층의 한 지점을 힘껏 민다고 생각해 봐. 그럼 힘을 받은 지점은 눈에 띄지는 않겠지만 어느 정도 압축되겠지? 그런데 평소 모습을 유지하고 싶어 하는 성질이 있기 때문에 압축되었던 부분이 다시 팽창하려고 해. 그럼 그 옆 지점은 반대로 압축될 거야. 그리고 다시 팽창……. 이런 식으로 에너지가 전달되는 지진파가 P파에 해당한다고 볼 수 있어.

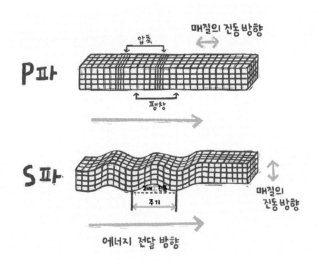

에너지 전달 방향과 매질의 진동 방향

또 자연 지진은 지층이 힘을 받으면서 뒤틀리는데, 원래 모습을 유지하고 싶어 하는 관성 때문에 다시 원래대로 되돌아올 때 축적된 에너지가 방출돼. 그런데 지층의 뒤틀린 부분이 다시 원래 모습으로 되돌아올 때 뒤틀린 부분 주변의 지층이 또 뒤틀리겠지? 그리고 그 지층 역시 원래 모습으로 되돌아오려고 할 거야. 그렇게 에너지가 전달되는 지진파가 S파야.

그럼 과연 P파와 S파 중 어떤 게 더 빠를까?

"P파요. 에너지 전달 방향과 매질이 움직이는 방향이 같은 P파가 더 빠를 것 같아요."

지진이 발생하면 관측소에서는 평소와 다른 떨림을 관측할 수 있어. 이때 처음으로 관측되는 지진파가 P파, 두 번째로 관측되는 지진파가 S파야. 주호의 말처럼 에너지 전달 방향과 매질의 진동 방향이 같은 P파가 더 빠르고, S파는 에너지 전달 방향과 매질의 진동 방향이 수직이기 때문에 좀 더 느리지.

자연 지진에서 P파와 S파의 진폭을 비교해 보면 S파의 진폭이 P파의 진폭보다 크거나 비슷해. 반면에 인공 지진은 S파의 진폭이 P파의 진폭보다 작게 나타나지. 이러한 특징으로 인공 지진과 자연 지진을 구분할 수 있어.

"인공 지진은 왜 S파 진폭이 작을까요?"

우리가 배웠던 내용을 한번 천천히 떠올려 볼까? 자연 지진은

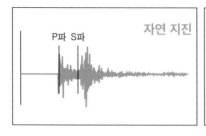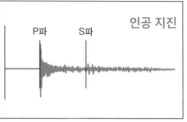

자연 지진과 인공 지진에서 P파와 S파의 진폭

지층의 변형(뒤틀림)을 일으킬 만한 충분한 힘에 의해서 발생해. 그런데 인공 지진은 단순히 '빵!' 하고 터지는 힘에 의해 발생하기 때문에 P파의 진폭이 크게 나타나는 반면 S파의 진폭은 작게 나타나는 거야.

지구가 따뜻해지면 지진이 더 자주 발생할 수 있다!

얼마 전 남극세종과학기지에서 규모 4.0 이상의 강진이 잇따라 발생했다는 뉴스를 들어본 적 있니?

"남극은 아주 추워서 대륙도 꽁꽁 얼어붙어 있잖아요. 그런 곳에서도 지진이 일어나나요?"

남극은 아마도 지구에서 가장 추운 곳이 아닐까 생각해. 하지만 그렇다고 지진이 발생하지 않는 건 아니야. 물론 다른 곳에 비해서 지진 발생 빈도가 현저히 낮지. 뉴스에 나온 소식에 따르면, 지진이라곤 거의 없던 남극세종과학기지에서 이례적으로 삼 개월 동안 하루에도 두세 번씩 백 차례가 넘는 강진이 발생했어. 쇄빙

선 아라온호가 남극으로 급파됐고, 이 지진을 연구하기 위한 국제 공동 연구팀도 조직됐지.

문제는 지진의 규모가 점점 더 커지고 있다는 사실이야. 2020년 8월 말에 처음 4.9 규모의 지진이 있은 뒤로 10월에는 5.7, 이달 초에는 6.0 규모의 지진이 기지를 뒤흔들었거든. 전문가들은 세종 과학기지에서 30킬로미터가량 떨어진 곳에서 마그마가 솟아오른 영향으로 해양 지각이 찢어져 지진이 발생한 것으로 추정했어.

"남극에도 지진이 발생한다는 건 한 번도 생각해 본 적이 없어요. 그런데 해양지각이 찢어진 것이 지진을 일으키는 원인이라는 게 잘 이해가 안 돼요. 남극 밑에도 판이 존재하나요?"

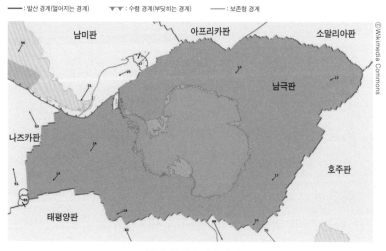

───── : 발산 경계(멀어지는 경계)　▼▼▼ : 수렴 경계(부딪히는 경계)　───── : 보존형 경계

남극을 둘러싼 판의 경계

물론이지. 지구를 둘러싼 여러 개의 판 중에는 당연히 남극이 속해 있는 판도 존재해. 바로 남극판이야.

"큰 지진은 판과 판이 부딪치는 경계에서 잘 발생한다고 배웠잖아요. 그런데 남극판은 부딪치는 경계가 거의 없네요. 아주 일부분만 있어요."

주호는 관찰력이 아주 뛰어나구나. 맞아. 남극판은 서로 힘겨루기를 하며 부딪치는 경계가 많이 없어. 그래서 일본, 칠레, 인도네시아 등에서처럼 강력한 지진은 발생하지 않아. 그런데 거꾸로 생각해 보면, 부딪치는 경계가 있으면 서로 멀어지는 경계도 있지 않을까?

"어떤 부분이 서로 가까워져 부딪치면 또 다른 부분은 멀어지기도 할 것 같아요."

판과 판이 서로 멀어지면 그 충격으로 지진이 발생할 수 있어. 해양지각이 찢어진다는 말은 이렇게 판과 판이 서로 멀어지는 것을 의미하는 거란다. 그리고 지구온난화 때문에 이 판들의 움직임이 활발해지면 지진은 더 자주 일어날 수 있어.

"지구온난화가 지진의 원인이 된다고요? 아무리 생각해도 지구온난화랑 지진은 전혀 관계가 없을 것 같아요. 정말 지구가 따뜻해지면 지진이 더 자주 발생할까요?"

미국항공우주국(NASA)과 미국지질조사국(USGS)의 과학자들은 남부 알래스카 빙하 감소가 지진 발생 증가로 이어진다고 했어. 즉, 급격한 빙하 감소로 인해 남부 알래스카에서의 지진 활동이 증가했다는 거야. 빙하가 줄어들면서 판에 작용하는 하중이 줄어들고, 판이 보다 자유롭게 움직일 수 있게 된 거지. 1979년에 남부 알래스카에서 발생했던 리히터 규모(릭터) 7.2의 세인트 엘리아스 지진도 이 지역 빙하가 감소하면서 촉진된 것으로 연구진은 믿고 있어.

"그럼 지구가 따뜻해져서 빙하가 녹으면 북극과 남극 부근에서는 정말로 지진이 더 자주 발생할 수 있겠네요."

맞아. 미래에 일어날 일을 예상하는 것은 쉽지 않지만 충분히 그럴 가능성이 있지. 지금까지 남극에 지진이 많지 않았던 이유는 여러 가지가 있겠지만, 그중 하나는 빙하의 무게 때문에 판의 움직임이 자유롭지 못했기 때문이거든. 그래서 남극판을 둘러싸고 있는 다른 판들에 비해 이동 속도가 매우 느려. 판의 이동 속도가 빠르면 다른 판과 부딪칠 때 더 큰 힘을 받을 수 있기 때문에 지진이 더 많이 발생할 수 있어. 하지만 남극판은 무거운 얼음 때문에 판의 이동 속도가 상대적으로 빠르지 않아서 지진이 발생하는 횟수도 많지 않은 거야.

"얼음을 등에 업고 다니는 남극 대륙은 얼마나 무거울까요? 저라면 너무 힘들 것 같아요."

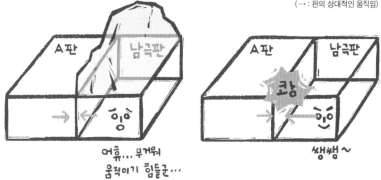

빙하가 사라지면 활발해지는 남극판의 움직임

　위에서 짓누르던 빙하가 지구온난화로 인해 사라진다면 남극판은 조금 더 자유롭게 또는 빠르게 이동할 수 있어. 그리고 주변 판과 더 빠른 속도로 부딪치면서 빙하가 있었을 때보다 판의 경계에서 더 많은 힘이 쌓일 거야. 판의 경계에서 힘이 많이 쌓인다는 말은 지진을 발생시킬 수 있는 힘이 커진다는 뜻이지.

　"그런데 남극판의 중심 부분에 있는 남극 대륙은 판의 경계와 상당히 떨어져 있는데, 남극 대륙에도 지진이 일어날 수 있나요?"

　물론이지. 앞서 어디서든 지진이 발생할 수 있다고 배웠던 것처럼 남극 대륙에도 지진이 발생할 수 있단다. 물론 경계 부근에서 발생할 확률이 높지만, 반드시 경계 부근이 아니더라도 일어날 수 있지.

"남극 대륙은 약 3800미터에 달하는 빙하로 덮여 있다고 하던데, 만약 지구온난화로 빙하가 녹으면 대륙이 점점 뾰족한 산처럼 변하지 않을까요?"

그렇게 어떤 지역의 땅덩어리가 주변에 비해 상대적으로 상승하는 현상을 융기라고 해. 북한산, 설악산, 관악산, 금강산 등 절경이 뛰어난 산들이 모두 그렇게 만들어졌어. 지하 깊은 곳에서 만들어진 화강암이 세월이 지나면서 풍화·침식되면, 화강암을 짓누르고 있던 압력이 줄어들면서 지하에 있던 화강암이 지표로 융기하는 거야. 만약 남극 대륙을 짓누르는 빙하가 사라진다면 대륙은 점점 융기하겠지? 그리고 동시에 팽창도 하게 될 거야.

"암석도 팽창할 수 있나요?"

바다 깊은 곳(압력이 높은 곳)에서 만들어진 공기 방울이 해수면 가까이 상승하면 점점 커지는 것처럼 암석 역시 지하 깊은 곳(압력이 높은 곳)에서 지표 가까이 상승하면 팽창할 수 있어.

"암석이 팽창한다면 남극 대륙에 존재하는 단층의 움직임에도 분명히 영향을 미칠 것 같아요."

맞아. 빙하가 사라지면 남극 대륙에 존재하는 단층이 더 활발하게 움직일 수 있겠지. 남극 대륙을 짓누르던 압력이 감소하고 융기와 동시에 팽창하게 되니까 말이야. 만약 지구온난화가 진행된다면 남극 대륙에 진원지가 더욱 많아지지 않을까 생각한단다.

게다가 빙하는 녹으면 물이 되지? 그 물은 단층들 사이로 침투할 수도 있을 테고 말이야. 그러면 포항 지진과 같은 촉발 지진이 발생할 수도 있어.

"만약 빙하 녹은 물이 단층의 틈으로 들어가면 빙하가 더욱 빠르게 이동할 수도 있지 않을까요? 물이 있는 땅 위를 걸을 때 더 잘 미끄러지는 것처럼요. 엄청나게 큰 빙하는 이동하면서 지진을 일으킬 만큼의 에너지를 만들 수 있을 것 같아요."

실제로 빙하가 만들어 내는 지진도 있단다. 그리고 지구온난화와 빙하가 만들어 내는 지진의 상관관계를 꾸준히 연구하고 있지. 높아진 기온으로 그린란드 빙하의 이동 속도가 빨라지고, 이때의 충격으로 지진이 생기는 경우가 많아지고 있다는 연구 결과가 있어. 2100년에는 지구 평균기온이 지금보다 4도 정도 더 높아지면서 13만 년 전 이래 가장 높은 기온을 기록하게 될 것이라는 전망도 제기됐지.

미국 하버드대학교의 한 연구팀은 그린란드의 빙하 지진 발생 빈도가 2002년에 비해 2배 이상으로 늘어났다는 결과를 발표했어. 사람들은 흔히 빙하가 느리게 움직인다고 생각하지만 아주 높은 빌딩만큼 높은 빙하가 1분에 10미터를 움직일 수도 있고, 이 경우 지진학적 파동(지진을 일으킬 수 있는 에너지)을 충분히 만들어 낼 수 있다고 설명했지.

"빙하 지진은 뭔가 특별한 것 같아요. 판의 이동 때문도 아니고 단층 때문도 아니잖아요. 빙하가 움직이면서 지진을 발생시킬 수 있다는 게 놀랍고도 재미있어요. 그리고 지진이 지구온난화 같은 기후와도 관계가 있다는 것도 신기해요. 지진에 대해 공부하기 전에는 전혀 상상도 못 한 것들이에요. 공부할수록 지구에 있는 모든 것이 전부 하나로 연결되어 있는 것 같아요."

달에도 화성에도 지진이?

지진은 지구에서만 발생하는 현상은 아니야. 지구 밖에 있는 달이나 화성에도 지진이 발생한단다.

"정말이요? 달에도 지진이 있나요?"

달에서 직접 관측한 자료가 있단다. 지진을 관측할 수 있는 장비를 설치해서 달에도 지진이 발생한다는 것을 알아냈지. 관측 결과가 어떻게 나왔는지 그래프를 살펴볼까? 여기서 X, Y Z는 이렇게 생각할 수 있어. 만약 직육면체가 내 눈앞에 있다고 하면 X축은 좌우로 흔들리는 진동, Y축은 나로부터 멀어지고 가까워지는 진동, Z축은 위아래로 흔들리는 진동이야.

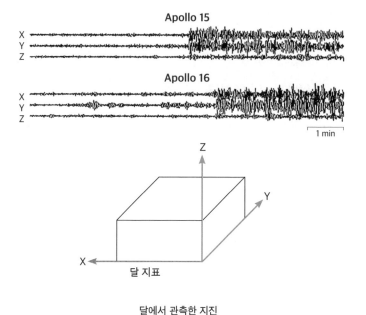

달에서 관측한 지진

"선생님, 그래프에 있는 'Apollo 15, Apollo 16'은 혹시 달에 착륙했던 아폴로 우주선을 나타내는 것인가요?"

꼼꼼하게 살펴보았구나. 여섯 차례의 아폴로 계획이 있었는데, 그중 아폴로 11호, 12호, 14호, 15호, 16호에 의해서 다섯 번의 지진계 설치가 이루어졌어.

"달에 지진계를 설치했다니 너무 신기해요. 정말로 달에 지진이 발생하는 거라면, 지구처럼 달에도 판의 움직임이 활발하겠네요?"

아쉽게도 달은 그렇지 못해. 지구보다 크기가 작기 때문에 뜨거운 태양 에너지를 받아도 비교적 빨리 식거든. 그렇다 보니 지각과 딱딱한 맨틀이 차지하는 비율이 커서 판의 움직임이 활발하지 않아.

"그럼 도대체 달에 지진을 발생시키는 힘은 뭐예요?"

아직 완벽하게 파악되지는 못했어. 그래도 몇 가지 이야기를 해 보면, 첫 번째는 수축이야. 달이 탄생했을 때는 지금보다 훨씬 고온의 상태였다고 해. 그러다 서서히 열을 잃고 지금처럼 차가운 별이 되었지. 이렇게 한번 생각해 볼까? 너희 사과 좋아하니?

"전 사과를 사랑해요. 하루에 두 개씩 먹는다고요."

그런데 혹시 사과를 먹으려고 꺼내 두었다가 깜빡하면 어떻게 될까? 사과의 수분이 증발하고 수축해서 표면이 쭈글쭈글해지지? 이런 쭈글쭈글한 선을 단층이라고 생각해 보자. 달이 서서히 식으면서 쭈글쭈글해지면 표면이 부서지면서 단층이 발생해. 지금도 달은 계속해서 식고 있기 때문에 쭈글쭈글해지면서 단층을 움직일 수 있는 거야. 달에도 지구처럼 단층이 많이 존재하고 있단다.

"단층이 움직인다고요? 바로 지진이네요!"

달에 지진을 발생시키는 두 번째 힘은 조석력이야. 조석력은 밀물과 썰물을 일으키지. 들어 봤니?

"바닷가 근처에 살았던 적이 있어서 잘 알아요. 하루에 두 번씩 물이 들어왔다 빠져나갔다 하거든요."

밀물(만조)과 썰물(간조)의 모습

조석력은 천체 중에서 태양과 달에 의해 발생하는 힘이야. 태양보다는 달에 의한 조석력이 더 크기 때문에 흔히 조석력의 원인이 달이라고 이야기해.

"지구가 달의 조석력을 받으니까 반대로 달도 지구의 조석력을 받지 않을까요?"

빙고! 달 역시 지구의 조석력을 받는단다. 그리고 달에 비해 지구의 질량이 더 크기 때문에 지구가 달에게 주는 조석력이 더 크지. 만약 달에도 바다가 있었다면 밀물과 썰물은 더 크게 일어났을 거야.

"그럼 지구가 달에 미치는 조석력 때문에 지진이 발생할 수도 있겠군요."

그렇지. 바로 이 지구의 조석력이 달에 지진을 발생시키는 두 번째 힘이야.

달에 지진을 일으키는 세 번째 힘은 달의 낮과 밤이야. 달의 지표 온도는 낮과 밤의 차이가 커. 밤에는 약 −200도로 아주 낮고, 낮에는 약 130도에 달하지.

"무려 300도 이상 차이가 나는 셈이네요. 만약 제 체온이 300도 가까이 차이가 난다면 덥고 춥고 덥고 춥고를 반복하다 쓰러질 것 같아요."

달 역시 차갑고 뜨거운 온도가 계속 반복되기 때문에 달에 있는 암석이 팽창과 수축을 계속해서 반복해. 이런 팽창과 수축이 지진을 일으킬 수 있는 힘이 되는 거란다.

지구에서 발생하는 지진에 의해서 지표가 흔들리는 시간은 보통 1분을 넘지 않아. 그런데 달은 지구와 비교가 되지 않을 정도로 오랫동안 떨림이 지속되지. 왜 그럴까?

"지구와 달을 비교해 보면 알 수 있지 않을까요? 지구에는 있지만 달에는 없는 것이 원인일 것 같아요. 예를 들면 공기나 물 같은 것이요."

주호가 이야기한 것 중에 답이 있는 것 같은데? 과학자들의 연구 결과, 그 원인은 액체 상태의 물이 가장 유력한 후보라고 했어. 지구에는 물이 있기 때문에 지진에 의한 진동을 흡수하지만, 달에는 물과 같은 진동을 흡수할 수 있는 물질이 없어서 달 표면의 떨림이 오랫동안 지속된다는 거지.

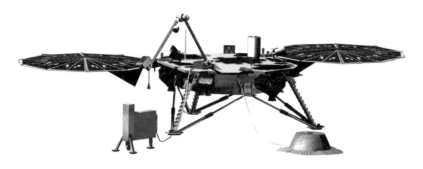

NASA의 화성 지질 탐사 착륙선 인사이트 ©Wikimedia Commons

"물이 지구에는 정말 소중한 존재인 것 같아요. 그렇다면 화성은요? 화성은 액체 상태의 물이 존재할 가능성이 큰 행성이잖아요. 화성에도 지진이 발생하나요?"

2018년 11월 26일 미국항공우주국에서 올려보낸 우주선 인사이트(Insight)가 화성에 착륙했어. 인사이트의 임무 중 하나는 지진 관측이었어. 작은 탐지기를 이용해 현재까지 약 480번의 지진을 관측했지. 그런데 여기에는 화성의 강한 바람에 의해 지표가 흔들린 횟수도 포함되어 있어. 그렇지만 다행히도 바람이 불지 않을 때도 지표의 떨림이 관측되었기에 과학자들은 화성에도 지진이 발생한다는 사실을 알게 된 거야.

"정말로 화성에도 지진이 일어나는군요. 다른 행성들은 어떨지 궁금해져요. 저도 과학자가 되어서 아직 밝혀지지 않은 여러 가지 사실들을 연구하고 싶어요."

그렇다면 꿈을 이루기 위해 열심히 공부해야겠지? 너희 혹시 일진(日震)이라고 들어 봤니?

"갑자기 일진이요? 우리 학교에서는 반 친구들뿐만 아니라 학교 학생들 모두 친하게 사이좋게 지내고 있어요. 일진 같은 건 없다고요."

주호야, 선생님이 말한 일진은 태양 지진을 뜻해.

"태양에도 지진이 있나요?"

인공위성을 통해서 과학자들이 태양에도 지진이 발생한다는 사실을 알아냈어. 지진이 발생하는 정확한 원인은 아직 밝혀지지 않았지만 말이야.

"태양에서 지진이 발생하면 어떤 모습일까요? 태양은 딱딱한 표면이 없잖아요."

1998년 6월 1일에 유럽우주기구(ESA)와 미국항공우주국이 공동으로 운영하는 소호(SOHO) 태양 관측 위성이 일진의 모습을 찍었어. 과학자들은 이러한 일진이 일어날 때 핵폭탄 2만 개에 달하는 에너지가 발생한다고 해. 무시무시하지? 이처럼 지진은 꼭 지구에서만 일어나는 현상은 아니란다. 다양한 천체에서 발생하고 있지.

2장

꿈틀거리는
한반도 밑바닥

우리나라에
진도 IX 지진이 있었다

지진과 관련된 뉴스에서 많이 나오는 말이 있지? 바로 규모와 진도야. 규모는 지진의 절대적인 크기를 말하고, 진도는 지진의 상대적인 크기를 말해. 규모는 아라비아 숫자(1, 2, 3……)로, 진도는 로마 숫자(I, II, III……)로 나타내. 규모를 나타내는 다양한 종류가 있지만 일반적으로는 1935년 미국의 지질학자인 찰스 릭터(Charles Richter)가 제안한 규모를 사용하고 있어. 진도는 1902년 이탈리아 지진학자 주세페 메르칼리(Giuseppe Mercalli)가 제안한 것에서 수정된 형태로 12단계의 수정 메르칼리 진도를 사용하고 있단다.

0~1.9	지진계에 의해서만 탐지가 가능하며, 대부분의 사람이 진동을 느끼지 못함	
2~2.9	대부분의 사람이 느끼며, 창문이나 전등과 같이 매달린 물체가 흔들림	
3~3.9	대형 트럭이 지나갈 때의 진동과 비슷하며, 일부 사람은 놀라 건물 밖으로 나옴	
4~4.9	집이 크게 흔들리고 창문 등이 파손되며, 작고 불안정한 위치의 물체들이 떨어짐	
5~5.9	서 있기가 곤란해지고 가구들이 움직이며 내벽의 내장재 등이 떨어짐	
6~6.9	제대로 지어진 구조물에도 피해가 발생하며, 부실 건축물은 큰 피해 발생	
7~7.9	지표면에 균열이 발생하며, 건물 기초가 파괴되고 돌담, 축대 등이 파손됨	
8~8.9	교량과 같은 대형 구조물 대부분이 파괴되고 산사태 발생 가능	
9 이상	건물들의 전면적 파괴, 철로가 휘고 지면에 단층 현상이 발생	

리히터(릭터) 규모별 피해 정도

지진은 아주 오래전부터 일어났던 자연현상이야. 우리나라 삼국시대, 고려시대, 조선시대에도 지진이 있었지. 상상해 보렴. 옛날에 지진이 일어나면 어떤 일이 생겼을까?

"지금보다 지진에 대한 지식도 부족하고, 과학기술이 발전하지 않았을 때니까 더 많이 피해를 입지 않았을까요?"

아무래도 그랬겠지? 이번에는 역사시대에 발생했던 강력한 지진들에 대해 이야기해 볼까? 그 전에 우선 역사 지진과 계기 지진의 차이를 알려 줄게. 우리가 공부한 것처럼 지진계로 지진을 관

진도 I	진도 II	진도 III	진도 IV
사람이 거의 느낄 수 없는 미세한 진동이 나타나지만, 지진계는 감지할 수 있음	매달린 물건이 약하게 흔들리며 몇몇 사람들이 느낌	실내에서도 느낄 수 있으며, 큰 트럭이 지나가는 것과 같은 진동이 있음	멈춰 있는 자동차가 흔들림
진도 V	**진도 VI**	**진도 VII**	**진도 VIII**
거의 모든 사람들이 흔들림을 느끼며, 그릇이나 창문이 깨지기도 함	모든 사람들이 지진을 느낀다. 무거운 가구가 움직이거나 벽에 금이 갈 수 있음	모든 사람들이 놀라서 밖으로 뛰어나가며, 운전자들도 흔들림을 느낌	창틀로부터 창문이 떨어져 나간다. 굴뚝·기둥·기념비·벽 등이 무너짐
진도 IX	**진도 X**	**진도 XI**	**진도 XII**
모든 건물이 피해를 입고, 지표면에 균열이 가며, 지하 송수관이 파괴됨	땅이 갈라지고 기차선로가 휘어짐	다리가 무너지고 지표면에 심한 균열이 생김	물건이 공중으로 튀어 나가며, 땅 표면에 파동이 보임

수정 메르칼리 진도에 따른 피해

측한 것은 계기 지진이라고 하고, 그 이전 시기의 지진은 역사 지진이라고 해.

"우리나라는 언제부터 지진계로 지진을 관측했나요?"

좋은 질문이야. 우리나라에서의 계기 지진 관측은 1905년에 처음 지진계를 설치하면서 시작되었어. 그리고 1978년 홍성 지진(규모 5.0), 1997년 경주 지진(규모 4.2)을 계기로 지진 관측망이 구축되기 시작했지. 즉, 발전된 지진계를 이용하여 지진 발생 시각, 진앙, 규모 등을 분석하고 체계적으로 정리하게 된 것은 1978년 이후인 30여 년에 불과해.

"그럼 역사 지진이라고 부르는 건 언제를 기준으로 해야 하나요? 지진계를 설치한 1905년인가요, 아니면 지진 관측망이 구축된 1978년인가요?"

지진계를 설치한 게 1905년이니까 그 이전인 1904년까지의 지진을 역사 지진이라고 할 수 있어.

"1904년까지의 지진은 어디에 기록되어 있어요?"

혹시 역사 시간에 『삼국사기』 『고려사』 『조선왕조실록』 등의 역사서에 대해 공부한 적 있니?

"네, 아주 조그마한 일까지도 기록되어 있다는 게 신기해서 정말 재미있게 공부했던 기억이 나요. 혹시 역사서에 지진 기록이 있을까요?"

그렇단다. 물론 아까 이야기한 역사서들 말고도 다양한 곳에 기록되어 있어. 많은 역사학자와 과학자가 지진과 관련된 문헌을 해석하고 지진 피해 정도를 추정해서 『한반도 역사지진 기록(2년~1904년)』(기상청, 2012)이라는 한국 기상 기록집을 만들기도 했지.

"기계로 측정되지 못했던 지진의 피해 정도를 문헌을 해석하는 것만으로 어떻게 추정할 수 있는지 궁금해요."

특정 규모의 지진이 일어나면 어떤 피해가 발생하는지 우리는 계기 지진을 통해 정보를 얻을 수 있어. 그것을 토대로 역사서에 기록되어 있는 피해 정도를 보고 지진의 규모가 얼마였을지 추정하는 거지. 그렇기 때문에 정확하게 파악하는 데는 한계가 있어.

"그런데 같은 규모의 지진이라도 상대적인 크기가 다른가요?"

규모 5.0 지진이 발생했다고 생각해 보자. 이때 진원과 가까운 곳은 피해가 크지만 진원과 멀리 떨어진 곳은 비교적 피해가 덜해. 이처럼 같은 지진이라도 사람이 느끼는 지진의 정도와 건물의 피해 정도가 지역마다 다를 수 있기 때문에 진도가 다르게 나타날 수 있지.

"그래도 규모가 클수록 피해도 크게 나타나지 않을까요?"

꼭 비례한다고 볼 수는 없지만 대체로 규모가 클수록 피해 정도 역시 커지는 경향이 있어. 단계별 피해 상황을 바탕으로 역사서에

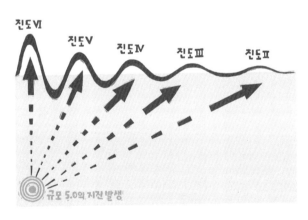

규모와 진도의 차이

기록되어 있는 피해 정도를 유추하여 진도를 결정할 수 있지. 그리고 결정된 진도에 해당하는 피해 정도와 규모에 따른 피해 정도를 파악해서 규모를 결정하는 거야. 이런 방식으로 정확하진 않더라도 유사한 진도와 규모를 알 수 있단다.

진도 V 이상 지진의 진앙을 시대별로 나타낸 자료를 보면, 삼국시대에는 진도 V 이상의 지진이 많이 발생하지 않았다는 것을 알 수 있어. 게다가 모두 수도 중심에 가까운 지역에서 발생한 것으로 나타나 있지. 여기에는 그럴 만한 이유가 있어. 역사서에 지진이 발생했다는 기록은 있지만 지역 명칭이 없는 경우는 수도로 간주하고 진앙지를 결정했기 때문이야.

"와! 선생님, 조선시대에는 큰 지진이 많이 발생했나 봐요."

그럴 수도 있지만, 조선시대에는 중앙집권체제가 잘 갖춰져서

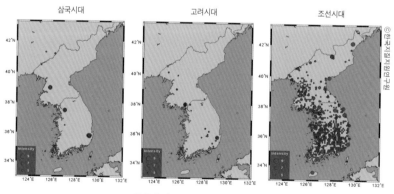

시대별 진도 V 이상의 역사 지진

지방에 일어나고 있는 일들이 중앙에 보고가 잘되었다고 해석할 수도 있어. 그래서 역사서에 기록된 지진의 진앙지가 한반도 전체에 널리 분포해 있지. 2년부터 1904년까지 우리나라에 발생했던 몇 가지 역사 지진을 같이 살펴볼까?

"그런데 왜 하필 2년부터인가요?"

지진과 관련된 내용이 처음 역사서에 등장했던 때가 2년이었기 때문이야. 2년(고구려 유리왕 21년)에 『삼국사기』에 기록되어 있지. 진도는 II~IV 정도로 추정하고 있어.

"지진과 관련된 첫 기록이군요."

그렇지. 그리고 779년 3월(신라 혜공왕 15년 3월)에 『삼국사기』에는 경도(경주)에서 발생한 지진(진도 VIII~IX로 추정)으로 민옥이 무너지고 죽은 자가 100여 명이었다고 기록하고 있어. 다른 대부분의 지진 기록과는 달리 사망자 수를 기재하고 있어서 인명 피해가 많았다고 해석할 수 있어. 역사 지진 중 인명 피해가 가장 큰 것으로 기록되고 있지.

"우리나라 지진 중에서 가장 많은 사망자를 낸 지진이네요. 그렇게 강력한 지진이 옛날에도 있었다니……."

조선시대에는 지진과 관련된 현상을 자세히 기록해 두었어. 이런 기록을 한국 기상 기록집에서 쉽게 찾을 수 있지.

유시(오후 5~7시)에 세 차례 크게 지진이 있었다. 그 소리가 마치 성난 소리처럼 커서 인마(사람과 말)가 모두 피하고 담장과 성첩이 무너지고 도성 안 사람들이 모두 놀라 당황하여 어쩔 줄 모르고…… (중략) …… 경외의 땅(서울과 지방)이 4일 동안 크게 흔들려서 태모전의 기와가 떨어지고, 대궐 안의 담장이 넘어지고, 민가가 무너지니 남녀노소가 모두 바깥 한데로 나와서 이에 뒤덮여 압사하는 것을 면하였다.

—『한반도 역사지진 기록(2년~1904년)』(기상청, 2012)

마치 성난 소리처럼 크고 4일 동안 크게 흔들렸다니 도대체 얼마나 큰 지진이었을까? 세 차례 큰 지진은 본진, 전진과 관련이 있어. 그리고 4일 동안 크게 흔들린 것은 여진과 관련 있을 거야. 본진은 어느 지역에서 잇따라 일어나는 지진 가운데 가장 규모가 큰 지진을 말해. 전진은 본진이 오기 전에 오는 지진이고, 여진은 본진이 일어난 다음에 얼마 동안 잇따라 일어나는 작은 지진이야. 1518년 6월 22일부터 25일까지 있었던 이 지진은 진도 VIII~IX으로 추정하고 있어. 아주 큰 지진이었지.

이외에도 커다란 지진이 여러 차례 있었어. 한국 기상 기록집에 실린 지진 기록을 더 볼까?

좌도가 안동에서부터 동해·영덕·이하를 경유해 돌아서 김천 각 읍에 이르기까지, 이번 달 초 9일 신시(오후 3~5시), 초 10일 진시(오전 7~9시)에 두 번 지진이 있었다. 성벽이 무너짐이 많았다. 울산 역시 같은 날 같은 시각에 마찬가지로 지진이 있었다. 울산부의 동쪽 13리 밀물과 썰물이 출입하는 곳에서 물이 끓어올랐는데, 마치 바다 가운데 큰 파도가 육지로 1~2보 나왔다가 되돌아 들어가는 것 같았다. 건답 6곳이 무너졌고, 물이 샘처럼 솟았으며, 물이 넘자 구멍이 다시 합쳐졌다. 물이 솟아난 곳에 각각 흰모래 1~2두가 나와 쌓였다.

— 『한반도 역사지진 기록(2년~1904년)』(기상청, 2012)

"큰 파도가 육지로 1~2보 나왔다가 되돌아 들어갔다는 것은 지진해일 아닐까요?"

배운 내용을 잘 기억하고 있구나. 해수면 변화에 대한 기록을 통해서 지진해일이 뒤따른 것으로 평가되고 있어. 그리고 물이 샘처럼 솟았고, 물이 넘자 구멍이 다시 합쳐지고, 물이 솟아난 곳에 각각 흰모래 1~2두가 나와 쌓였다는 것은 토양 액상화 현상으로 해석할 수 있어.

"토양 액상화 현상이 뭐예요? 지진과 관련 있는 현상이겠죠?"

토양 액상화 현상은 지진에 의한 충격으로 지하수가 연약한 지반을 마치 액체처럼 만들어 버리는 것을 말해.

1964년 일본 니가타 지진 당시 지반의 액상화로 인해 건물이

니가타 지진 당시 토양 액상화 현상으로 무너진 건물

통째로 넘어진 일이 있었어. 과학자마다 진도 VIII~IX에 해당하는 지진으로 보는 견해도 있고, 진도 X에 해당하는 지진이라고 해석하기도 해. 역사 지진 중 가장 강력한 지진 중 하나였어.

"선생님, 그런데 진도를 규모로 환산할 수는 없나요? 어느 정도 규모였는지도 알고 싶어요."

진도를 규모로 정확하게 환산할 수는 없지만, 어느 정도 추측할 수는 있지. 지진이 발생했을 때, 지역에 따라 피해 정도가 다르잖아. 그걸 토대로 진앙 거리를 추측하고, 진도와 규모를 서로 환산하는 거야. 「한반도의 지진재해도 작성을 위한 역사피해지진의 평가 및 종합정리」(국립방재연구소, 1999)라는 연구보고서에 따르면, 1643년에 발생했던 지진은 규모 7.0, 1681년에 발생했던 지진은 규모 7.5에 해당하는 것이라고 해.

"계기 관측 이후에는 단 한 번도 규모 6.0 이상의 지진이 발생한 적이 없잖아요. 그런데 규모 7.0이 넘는다고요? 그럼 앞으로도 큰 지진이 발생할 수 있겠네요?"

그럴 가능성도 있지. 우리나라도 충분히 큰 지진이 발생할 수 있단다.

살아 숨 쉬는 한반도 활성 단층

단층이라고 하면 흔히 정단층과 역단층을 떠올리지만, 사실 단층에도 여러 가지 종류가 있어. 혹시 활성 단층이라고 들어 본 적 있니?

"뉴스에서 양산 단층 이야기가 나왔을 때, 활성 단층이라는 말을 들었던 것 같아요."

이야, 원우는 양산 단층까지 알고 있구나? 그럼 어떤 단층을 활성 단층이라고 부르는지도 알고 있니? 사실 활성 단층에 대해서는 아직 명확하게 정의를 내리지 못했어. 국가, 기관 등에 따라 다양하게 정의를 내리고 있거든.

국가	기관 및 출처	활성 단층의 정의
한국	지질학 용어집	최근에 움직임이 있었고 가까운 미래에 움직일 수 있는 단층
일본	국가안정보장회의	극히 가까운 시대(제4기 이후, 즉 180만 년 전)까지 지각 운동을 반복한 단층으로 이후에도 여전히 활동할 가능성이 큰 단층
일본	원자력 규정	마지막 최고 간빙기 이후에 활동한 단층
미국	캘리포니아 활동 단층법 (California Active Fault Act)	1만 1000년 전 이후에 활동이 있었던 단층
미국	원자력 규제 위원회	3만 5000년 이후 1회, 50만 년 이내에 2회 이상 및 기존 단층에 밀접한 지진 활동이 있는 단층

국가 및 기관별 활성 단층의 정의

만약 우리나라에 활성 단층이 존재하는지 질문을 받으면 선생님은 쉽게 답을 하지 못할 것 같아. 아직 연구 단계에 있거든. 물론 우리나라에 존재하는 많은 단층 중에도 활성 단층으로 추정되는 단층이 있어. 앞으로 선생님이 활성 단층이라는 단어를 사용한다면 그건 활성 단층으로 추정되는 단층이라고 생각하면 돼. 「활성단층지도 및 지진위험지도 제작」(소방방재청, 2012) 보고서를 보면, 한반도에 존재하는 추정 활성 단층을 확인할 수 있어.

"그런데 단층은 주로 땅속에 있어서 눈으로 관찰하기 힘들잖아요. 어떻게 연구하나요?"

지질 구조를 확인할 수 있는 노두

암석이나 지층이 지표에 직접적으로 드러나 있는 곳을 노두라고 하는데, 이 노두를 관찰하면 그 지역의 지질 구조를 추정할 수 있어. 단층은 지표 아래쪽에도 있지만 도로를 만들거나 지역개발 등으로 지표에 노출될 때도 있단다.

단층 여러 개가 평행하게 일정한 폭의 띠 모양으로 겹쳐서 나타나는 지질 구조는 단층대라고 해. 우리나라에는 추가령 단층대, 옥천 단층대, 양산 단층대가 있어. 이 단층대들이 형성된 방향을 살펴보면 북동-남서 방향으로 놓여 있다는 것을 발견할 수 있어. 우리나라 단층대가 북동-남서 방향으로 발달한 이유는 한반도 형성 과정을 살펴보면 쉽게 파악할 수 있단다.

"선생님, 그럼 우리나라에서 일어난 큰 지진들은 주로 단층대에

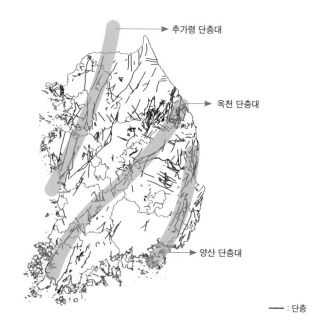

추가령 단층대

옥천 단층대

양산 단층대

——— : 단층

우리나라 단층대의 형성 방향

서 발생했나요?"

지진계로 관측되기 시작한 이래 발생한 큰 규모의 지진의 위치를 관찰해 보면, 단층대에 주로 밀집되어 있다는 것을 알 수 있어. 특히 양산 단층대에서 규모가 큰 지진이 많이 발생했지. 양산 단층대는 활성 단층 연구가 가장 활발히 연구된 지역이기도 해.

"안전을 위해서라도 우리나라 전역에 걸쳐 활성 단층이 연구되면 좋을 것 같아요."

하지만 여러 가지 이유로 당장은 광범위한 연구가 쉽지 않은 것 같아. 그래도 이와 관련해서 끊임없이 노력을 기울이고 있단다.

2017년 11월 15일 규모 5.4의 지진이 포항 지역을 강타했어. 우리나라 지진 관측 사상 최대 규모였던 5.8의 경주 지진이 발생한 지 1년 만에 다시 큰 지진이 일어난 거야. 지진 사태 이후 우리나라에는 일본과 달리 지진의 원인인 활성 단층 현황을 보여줄 '활성 단층 지도'가 없다는 비판이 제기됐지. 정부는 경주 지진을 계기로 2036년까지 20년 동안 전국 활성 단층에 대한 전수조사에 착수했어. 포항·경주 등 동남권 지역을 시작으로 전국 4개 권역을 5년씩 조사한다는 계획이었지. 조사 기간 동안 해당 구역에서 이미 존재가 알려진 활성 단층뿐만 아니라 아직 상대적으로 덜 알려진 단층까지 조사할 예정이라고 밝혔어.

"활성 단층 지도를 만드는 데 25년이나 걸린다니, 정말 오랜 연구가 필요한 일이네요."

맞아. 일본은 30여 년의 작업 끝에 1980년에 첫 활성 단층 지도를 완성했어. 우리나라도 활성 단층으로 추정되는 단층 지도가 아닌 진짜 활성 단층 지도를 볼 수 있는 날이 빨리 왔으면 좋겠구나.

역대급으로 크다,
경주 지진과 포항 지진

2016년 9월 12일 우리나라 지진 관측 사상 최대 규모의 지진이 경주에서 일어났어. 그 규모가 무려 5.8이었지.

"뉴스에서 크게 보도했던 기억이 나요. 그런데 경주는 지진이 발생하지 않는 지역 아니었나요?"

과연 그럴까? 다시 한번 강조하지만, 지진은 언제 어디서든 일어날 수 있단다. 역사서에서도 경주에서 발생했던 지진 기록을 찾아볼 수 있어.

"경주의 위치는 양산 단층대와 비교적 가까운 것 같아요. 경주 지진을 발생시킨 단층은 양산 단층대와 관련이 있을까요?"

문헌/출처	발생일	추정 규모/관측 규모
『삼국사기』	630년	6.3
『삼국사기』	779년	6.7~7.0
『고려사』	1036년 7월 17일	6.3
『세종실록』	1430년 5월 9일	5.0
기상청	1997년 6월 26일	4.2
기상청	2016년 9월 12일	5.8

경주에서 발생한 지진 기록

그렇단다. 경주 지진 당시 강력한 본진이 오기 전에 전진이 크게 있었다는 사실 알고 있니? 경주시 남남서쪽 8.2킬로미터 지역에서 발생한 전진은 무려 규모가 5.1이었어. 이 규모는 여섯 번째로 큰 지진이지.

"네? 고작 전진인데 규모가 여섯 번째로 큰 지진이라고요?"

엄청나지? 그래서 많은 사람들은 이때 발생한 지진이 본진이라고 생각하고 다시 일상으로 복귀했어. 하지만 전진이 발생하고 한 시간쯤 지났을 때 경주시 남남서쪽 8.7킬로미터 지역에서 규모 5.8의 본진이 발생한 거야.

"너무 무서웠을 것 같아요. 놀란 마음을 겨우 진정시켰을 때쯤 더 큰 규모의 본진이 왔으니까요."

경주 지진의 진앙은 양산 단층대 부근에 위치하고 있어. 즉, 경주 지진의 원인은 단층의 이동이야. 하지만 2011년에 있었던 동일본 대지진의 영향으로 경주 지진이 발생한 것으로 추정하는 과학자들도 있어. 왜냐하면 동일본 대지진으로 우리나라 전체가 일본 쪽으로 이동했거든.

한국천문연구원에서 국내 위성 위치 확인 시스템(GPS) 관측망 분석 결과, 지진 발생 직후 한반도 지각이 1~5센티미터 정도 동쪽으로 이동했다고 밝혔어. 특히 진원지와 가까운 독도와 울릉도가 상대적으로 더 많이 움직인 것으로 나타났지.

"지진이 지도를 바꾸고 있는 셈이네요! 동일본 대지진이 우리

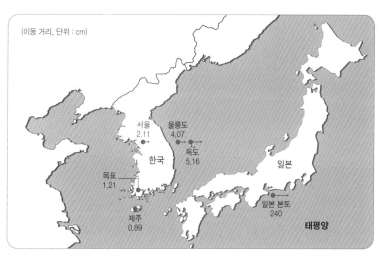

(이동 거리, 단위 : cm)

서울 2.11
울릉도 4.07
독도 5.16
한국
목표 1.21
제주 0.89
일본
일본 본토 240
태평양

동일본 대지진으로 이동한 우리나라

나라에 있는 단층에 힘을 가했기 때문일까요?"

그럴 가능성이 있지. 사실 경주 지진이 발생했을 당시 선생님은 부산에 있는 학교에서 수업을 하고 있었어. 건물이 흔들리는 것을 느꼈고, 곧 흔들림이 멈췄지. 학생들과 함께 계단을 이용해서 넓은 운동장으로 대피했어. 그때 경주에 살던 동생이 굉장히 걱정됐는데, 아무리 연락을 해도 닿질 않았어. 전화, 문자 등이 먹통이 됐었거든. 다행히 나중에 연락이 됐는데, 엄청난 떨림이 있었고 집에 있는 물건들이 쏟아져 내렸다고 했어.

"그때 서울에서는 약한 떨림을 느꼈거나 아예 못 느낀 사람들이 많았어요. 이렇게 지역마다 차이가 있는 것은 진도 때문이죠?"

그렇지. 같은 규모의 지진이 발생했다고 하더라도 거리와 기타 환경에 따라 건물의 피해 정도도 다르고 사람들이 느끼는 정도도 달라. 그래서 부산에 있던 선생님, 경주에 있던 동생, 서울에 있었던 사람들이 느낀 경주 지진의 진도가 다른 거야. 경주를 비롯해 비교적 가까운 곳은 진도 V~VI에 해당하는 진동이 있었지만, 서울처럼 비교적 멀리 떨어진 곳은 진도 I~II에 해당하는 진동이 있었을 뿐이지.

"경주에는 문화재가 많잖아요. 강한 지진 때문에 혹시 우리 소중한 문화재가 망가졌을까 봐 걱정돼요."

안타깝게도 문화재 역시 많은 피해를 입었어. 경주시에서 2016년

9월 26일 기준으로 집계한 피해 현황에 따르면, 문화재의 경우 59건으로 약 50억 원의 피해를 입은 것으로 나타났어. 문화재뿐만 아니라 주택, 도로, 건물, 담장, 인명 피해 등 곳곳에서 많은 피해가 상당했지. 직접 피해로는 인명 피해 6명, 재산 피해 4996건 등 약 35억 원의 피해를 입었고, 공공시설은 182건으로 약 58억 원의 피해를 입었단다. 사유재산의 경우 완전히 파괴된 주택 5건, 절반가량 파괴된 주택 24건, 기와 파손 및 벽체 균열이 일어난 주택은 4967건으로 집계되었어.

"경주 지진이 우리나라 사람들에게는 지진에 대한 경각심을 일깨우는 계기가 되었겠어요."

맞아. 경주 지진을 계기로 지진에 대한 인식이 바뀌었어. 자연재해에 대비하여 대피 방법 등을 숙지하고 학교나 회사 등에서는 대피 훈련도 하고 있지.

2016년 9월 12일 지진 이후 2017년 3월 31일까지 경주에는 규모 1.5 이상의 여진이 601번이나 발생했어. 그중 2016년 9월 19일에 발생했던 여진은 규모가 4.5였어. 여진임에도 불구하고 우리나라 지진 중에서는 큰 지진에 속해.

"601번이나 여진이 발생했다고요?"

아주 커다란 망치로 땅을 내리치면 '띵~' 하고 우리 몸에도 충격이 전달되잖아. 땅을 내리치는 순간에 가장 큰 충격이 발생하지만, 그 후로도 몸이 떨리지. 마찬가지로 커다란 지진 충격 이후에 땅에 떨림이 남아 있는 것을 여진이라고 생각할 수 있어.

"경주 시민들은 얼마나 무서웠을까요?"

경주 지진과 같은 무서운 지진이 일어나지 않았으면 좋겠지만, 불과 약 1년 뒤인 2017년 11월 15일 우리나라는 또다시 5.4 규모의 큰 지진을 겪었어. 그게 바로 역대 규모 2위인 포항 지진이야.

"포항 지진도 경주 지진처럼 양산 단층 부근에서 발생했네요."

맞아. 그런데 과학자들의 분석에 따르면 포항 지진을 발생시킨 단층은 곡강 단층 부근의 알려지지 않은 단층이었어.

"그럼 경주 지진과 포항 지진을 일으킨 단층의 움직임이 달라요?"

맞아. 경주 지진과 포항 지진을 일으킨 단층의 움직임을 이해하

포항·경주 지진 부근의 단층

려면 우선 '주향'이라는 개념을 알아야 해. 만약 단층면에 물을 가득 채운다고 생각해 보자. 그럼 단층면과 (해)수면이 만나는 선이 생기겠지? 그 선의 방향을 주향이라고 한단다. 이때, 단층면을 따라 앞뒤로 평행 이동한 경우는 주향이동 단층이라고 해. 그리고 단층면을 따라 상하로 이동하면서 앞뒤로도 움직인 경우는 역단층성

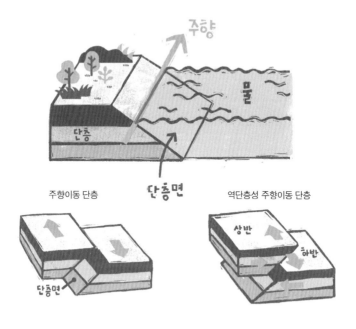

주향이동 단층　　　　　　　　　역단층성 주향이동 단층

단층면

경주 지진과 포항 지진을 일으킨 단층의 움직임

주향이동 단층이라고 부르지. 경주 지진은 주향이동 단층으로 발생한 지진이고, 포항 지진은 역단층성 주향이동 단층으로 발생한 지진이야.

"포항 지진이 역단층성 주향이동 단층이라면 땅이 높아진 거예요?"

그렇단다. 포항 지진 이후에 지표면이 5센티미터가량 높아진 곳도 있어. 물론 이 차이가 별로 크다고 생각하지 않을 수 있지만,

아주 드넓은 땅이 5센티미터 높아졌다면 그건 큰 변화라고 생각할 수도 있지 않을까? 크고 넓은 땅을 5센티미터나 들어 올리는 지진의 에너지는 정말 무시무시하지.

"선생님, 그럼 규모 5.8 지진과 5.4 지진의 에너지 크기는 얼마나 차이 나나요?"

규모로 봤을 때 두 지진의 차이는 0.4지만, 에너지 양의 차이는 약 4배야.

"그렇게 큰 에너지 차이가 있는지 몰랐어요. 포항 지진보다 경주 지진이 훨씬 강력했네요."

세고 약하다는 기준은 무엇일까? 선생님의 매서운 딱밤 한 대는 너희에게는 아프겠지만, 덩치가 큰 코끼리에게는 어떨 것 같니?

"네? 딱밤과 코끼리요?"

경주 지진과 포항 지진을 비교했을 때, 단순히 지진의 규모는 경주 지진이 더 컸어. 하지만 경주 지진보다 상대적으로 규모가 작은 포항 지진의 피해가 훨씬 심각했지.

"완전 예상 밖이에요. 도대체 이유가 뭐죠?"

여기에는 몇 가지 이유가 있어. 첫 번째는 인구 밀집도의 차이야. 경주 지진의 진앙지인 내남면은 122제곱킬로미터의 면적에 약 5000명이 사는 지역이고, 포항 지진의 진앙지인 흥해읍은 105제곱킬로미터의 면적에 약 3만 5000명이 사는 지역이야. 인구 밀집

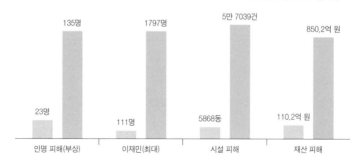

(자료 : 2017 포항 지진 백서)

경주 지진과 포항 지진의 피해

도가 높은 지역일수록 지진이 발생했을 때 훨씬 커다란 피해를 입을 수밖에 없지.

두 번째 이유는 단층의 이동이야. 경주 지진은 주향이동 단층에 의해 발생했고, 포항 지진은 역단층성 주향이동 단층에 의해 발생했잖아. 누군가 나를 양옆(수평 방향)으로 흔든다고 생각해 보렴. 또 양옆으로 흔드는 동시에 위아래(수직 방향)로 흔든다고 상상해 봐. 둘 중 어떤 것이 충격이 더 심할까?

"당연히 여러 방향에서 마구 흔드는 게 더 괴로울 것 같아요."

맞아. 그래서 포항 지진으로 인한 피해가 더 컸을 거라고 보고 있어.

세 번째는 이유는 진원의 깊이야. 경주 지진은 진원의 깊이가

진원의 깊이에 따라 달라지는 도달 에너지의 크기

약 15킬로미터지만, 포항 지진은 약 4킬로미터였어. 즉, 깊은 곳에서 발생한 지진에 비하면 얕은 곳에서 발생한 지진은 지표에 도달하기까지 에너지 손실이 적어.

마지막 이유는 딱딱한 땅이냐 물렁한 땅이냐의 차이야. 즉, 땅의 단단한 정도에 따라 차이가 생기는 거지. 아주 오래전에 형성된 지층과 비교적 최근에 형성된 지층을 비교해 보면 어떤 지층이 더 단단할까?

"아주 오래전에 형성된 지층이 단단해요."

그리고 또 한 가지, 우리가 암석을 분류할 때 화성암, 퇴적암, 변성암으로 분류하잖아. 이때 화성암과 퇴적암 중 어떤 암석이 비교적 단단할까?

"화성암이 단단해요."

그럼 오래전에 형성된 화성암과 비교적 최근에 형성된 퇴적암 중 더 단단한 지층은 당연히 오래전에 형성된 화성암이겠지? 우리나라 지질 구조를 살펴보면, 경주 지진의 진앙지는 중생대 백악기에 형성된 불국사 심성암류(화강암)에 위치하고, 포항 지진의 진앙지는 신생대 네오기에 형성된 퇴적피복체(퇴적암) 중 연일층군에 위치하고 있는 것을 확인할 수 있어. 즉, 경주 지진이 발생한 지역은 오래전에 형성된 화성암이고, 포항 지진이 발생한 지역은 비교적 최근에 형성된 퇴적암층인 거지.

에너지가 전달될 때는 매질의 복원력(원래 모습으로 돌아오고 싶어 하는 힘)에 따라 차이가 생겨. 단단한 강철 기둥(화강암)을 망치로 '쾅' 하고 쳐 볼까? 그러면 강철 기둥은 아주 빠르게 진동할 거야. 그리고 원래대로 되돌아오려는 복원력이 강하기 때문에 금방 처음 모습으로 돌아오지.

이번엔 물렁한 젤리 기둥(퇴적암층)을 망치로 쳐 보자. 물론 젤리 기둥이 부서지지 않는다는 조건이 있어야 해. 그러면 젤리 기둥은 양옆으로 아주 많이 흔들리면서 원래의 모습으로 돌아오려고 할 거야.

매질의 복원력과 에너지 전달

그럼 건물이 어떤 지층 위에 있어야 비교적 더 안정적일까?

"젤리 기둥보다는 강철 기둥 위에 있는 건물이 더 안정적인 것처럼 지진이 발생한 땅의 상태(단단한 정도, 화학 조성 등)에 따라 차이가 생기는 거네요."

동해 없는 지도가 만들어질까?

아주 먼 옛날에는 우리나라와 일본이 서로 붙어 있었대. 중생대까지만 해도 두 나라의 땅이 바로 옆에 붙어 위치했던 거지. 그런데 약 2500만 년 전 태평양판이 유라시아판 아래로 섭입되면서 일본은 우리나라와 점점 멀어졌고, 동해가 형성되기 시작한 거야. 그리고 약 1800만 년 전 일본이 태평양 쪽으로 이동하면서 동해의 크기가 점차 확장되었지. 오늘날과 비슷한 모습을 갖추게 된 것은 약 1200만 년 전 동해의 확장이 거의 멈춘 이후야.

"판이 계속 이동하고 있기 때문이겠죠? 그럼 일본은 지금도 계속 멀어지고 있나요?"

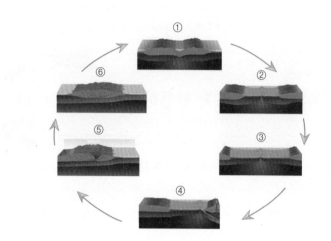

순서	현상	현상 및 이유
①	대륙판 열림	대륙판 아래에 뜨거운 마그마 상승에 의해 양쪽으로 잡아당기는 힘이 작용하여 대륙판이 열림
②	해양판 확장	뜨거운 마그마가 식어 해양판을 형성하고 양쪽으로 잡아당기는 힘이 작용하면서 해양판이 계속 확장됨
③	해양판 섭입 시작	해양판은 계속 확장되지 않고 어느 정도 시간이 지나면 대륙판 아래로 섭입되기 시작
④	해양판 섭입 활발 및 해양판 닫힘	섭입이 활발하고 해양판이 계속 대륙판 아래로 섭입되면서 해양판이 서서히 닫힘
⑤	대륙판 충돌	해양판이 서서히 닫히면서 두 대륙판이 충돌
⑥	새로운 대륙판 형성	두 대륙판이 결합하여 하나의 새로운 대륙판이 형성됨

대륙판 분리 및 재결합 과정을 설명하는 윌슨 사이클

이것을 이해하려면 우선 '윌슨 사이클'이라는 것을 알아야 해. 지구는 여러 개의 판으로 이루어져 있다고 했지? 캐나다의 지질물리학자인 존 윌슨(John Wilson)이 판은 하나가 아니라 분리되고 다시 재결합하는 과정이 반복되고 있다고 주장했어. 이를 윌슨 사이클이라고 이론화했지.

"선생님, 각 현상을 직접 확인할 수 있는 곳이 있나요?"

물론이지. 대륙판 열림 현상에 해당하는 것은 홍해라고 할 수 있어. 그리고 해양판 확장에 해당하는 지역은 대서양이야. 해양판 섭입이 활발하거나 해양판 닫힘 현상은 해구에서 쉽게 볼 수 있단다. 대륙판이 충돌해서 형성된 곳은 네팔과 티베트의 경계 부분이라고 볼 수 있지.

"그럼 해양판 섭입 시작 단계는 어디에서 볼 수 있나요?"

해양판의 섭입이 어떻게 시작되는지는 현재 풀리지 않는 의문 중 하나로 남아 있어. 뜨거운 곳에서 멀어지면서 서서히 식으면 밀도가 증가하기 때문에 대륙판 아래로 가라앉을 수 있다고 보는 견해도 있었어. 하지만 뜨거운 해양판이 차가워지고 밀도가 증가하는 것만으로는 섭입이 어렵다는 것이 밝혀졌어. 아래쪽으로 섭입되기 위해서는 어떤 요인들이 있어야 할까?

"음…… 어떤 힘이 해양판을 밀어 주면 되지 않을까요? 그리고 바다에서 퇴적암이 형성되는 것처럼 해양판에 퇴적물이 계속 쌓이면 무거워져서 더 잘 가라앉을 것 같아요."

맞아. 주호가 생각하는 것처럼 해양판을 밀어 주는 응력이 증가하거나 두꺼운 해양 퇴적물로 인해서 무게가 갑자기 증가하면 가라앉을 수도 있을 거야.

"선생님, 제가 놀라운 사실을 발견했어요! 우리나라와 일본은 윌슨 사이클의 세 번째 과정인 것 같아요. 처음에는 하나의 대륙처럼 가까이 붙어 있다가 동해가 생겼잖아요. 하나의 대륙처럼 붙어 있던 것이 첫 번째 단계이고 동해가 생긴 것이 두 번째 단계라면, 곧 세 번째 단계가 시작되지 않을까요? 시간이 많이 흐르면 우리나라 동해 부근과 일본 서쪽바다 부근에서 해구가 형성될 수도 있겠어요. 그리고 옛날처럼 일본과 우리나라가 다시 가까워지는 거죠."

와! 원우의 말은 동해가 지금 윌슨 사이클의 세 번째 단계에 해당할 수 있다는 거지?

"맞아요. 우리나라 동해는 판의 경계가 아니라고 알고 있지만, 시간이 아주 많이 지난 뒤에는 판의 경계가 될 수도 있지 않을까요? 경주 지진과 포항 지진은 판의 경계가 서서히 형성되고 있는 섭입의 시작을 알리는 걸지도 몰라요."

명확한 이유라고 보기는 어렵지만 충분히 가능성 있는 이야기 같구나. 동해가 사라질 가능성이 있다는 연구 결과도 나왔거든.

연구원들은 한반도와 가까운 동해 남서부의 해저 지각의 구조를 새롭게 밝혔는데, 그 결과 동해 바닥을 이루는 지각이 한반도 동쪽 지각 아래로 파고들기 시작했다는 것을 알아냈어. 한반도와 동해 경계에서 상대적으로 얇은 지각이 두꺼운 지각 아래로 파고드는 초기 단계 섭입대가 태어나고 있다는 증거를 발견한 거야. 이대로라면 수백만 년 뒤의 한반도는 일본처럼 지진과 화산 분출이 수시로 발생하는 지역이 되고, 더 오랜 시간이 지나면 한반도와 일본 열도가 하나의 땅으로 합쳐질 것으로 전망했지. 이런 현상이 경주 지진과 포항 지진과 같은 최근 지질 활동의 근본 원인일 가능성도 제기되었어.

"정말 동해에 해구가 형성되고 일본처럼 화산 및 지진 활동이 활발해질까요?"

그건 누구도 장담할 수 없어. 지금까지 우리나라는 비교적 안정적인 판의 내부에 있다고 여겨져 왔지만, 사실은 아닐 수도 있지. 지금 알고 있는 것도 언제든 바뀔 수 있고, 정답이 아닐 수 있는 거야. 그렇기에 당연한 것을 당연하게 받아들이지 않는 것이 과학의 첫 시작인 것 같구나.

"동해 부근에 섭입이 시작되는 단계라면, 양옆에서 미는 힘(횡압력)이 존재하고 이 힘 때문에 경주 지진과 포항 지진이 발생했을 거라고 생각하는 과학자들도 있겠어요."

동해 초기 섭입대와 관련된 부분은 지금도 연구가 활발히 진행되고 있어. 이번 연구 결과로 우리나라에서 해결되지 않았던 문제들을 해결할 수도 있다고 해. 혹시 우리나라의 지형적인 특징을 알고 있니?

"그건 귀에 딱지가 앉도록 들었어요. 우리나라는 동쪽은 높고 서쪽은 낮은 동고서저 지형이에요. 그래서 대부분 강은 동쪽에서 서쪽으로 흐르는 형태로 발달되었다고 배웠어요."

지금까지는 우리나라에 동고서저 지형이 발달한 이유를 명확하게 밝혀낸 연구 결과가 없었어. 하지만 이번 연구 결과를 토대로 그 가능성 중 하나를 이야기해 볼 수 있지. 동해 부근에 해구가 형성되기 시작한다면 서로 미는 힘이 동해 부근에 집중될 거야. 그러면 어떤 일이 발생할까? 찰흙을 양옆에서 밀면 힘이 쌓이는 쪽은 위로 솟아오르는 것처럼 우리나라 동쪽 지역에 양옆에서 미는 힘이 쌓이면서 서쪽 지역보다 더 많이 융기했다고 해석할 수도 있단다.

"우리나라 동고서저 지형을 새로운 이론으로 설명하려고 연구하는 많은 과학자들이 정말 대단한 것 같아요. 그리고 경주 지진과 포항 지진을 새로운 시각으로 접근하려는 것도 새롭고 재미있어요."

누가 감히 잠자는 사자의
코털을 건드려?

포항 지진을 자연 지진이 아닌 촉발 지진으로 바라보는 입장도 있어.

"촉발 지진은 처음 듣는 것 같아요. 자연 지진, 인공 지진 말고도 또 다른 원인으로 일어나는 지진이 있는 건가요?"

촉발 지진을 공부하려면 먼저 유발 지진이 무엇인지 알 필요가 있어. 유발 지진은 인위적으로 지진을 일으킨 것을 말해. 인공 지진이라고 볼 수 있지. 어느 정도 예상되는 범위에서 일어날 수 있는 규모의 지진이야. 그리고 촉발 지진은 인위적인 영향이 최초의 원인이지만 그 영향으로 예상 밖의 범위에서 발생하는 지진이야.

조금 더 쉽게 이야기해 볼까? 이빨이 아주 날카로운 강아지가 있다고 가정해 보자. 태어나서 10년이 지날 때까지 단 한 번도 사람을 물었던 적 없는 온순한 강아지였어. 강아지에게 짓궂은 장난을 쳐도 언제나 '멍멍' 짖거나 가만히 쳐다보거나 도망을 가는 등 예상되는 범위 내에서 반응(유발 지진)했을 뿐이야. 하지만 어느 날 똑같은 장난을 쳤는데, 그날은 강아지가 날카로운 이빨로 주인을 물어 버린 거야. 전혀 예상 밖의 반응(촉발 지진)이었지.

"유발 지진과 촉발 지진이 무엇인지 이해했어요. 그런데 포항 지진을 촉발 지진으로 생각할 수 있는지는 잘 모르겠어요. 포항 지진의 원인은 곡강 단층 부근의 단층 이동 때문이라고 배웠잖아요. 단층의 움직임이 원인인 것은 자연 지진 아닌가요?"

단순히 단층의 움직임만을 포항 지진의 원인으로 생각한다면 그렇지. 하지만 중요한 것은 포항 지진은 발생하지 않았을 수도 있다는 사실이야. 우리나라에도 단층이 많이 존재하지만, 그렇다고 해서 무조건 지진이 발생하지는 않잖아. 포항 역시 단층은 있지만 자연적으로 지진이 발생할 확률은 낮다고 보는 거야. 역사서에서도 포항 지역과 관련된 지진 자료는 경주 지진 관련 자료에 비하면 찾아보기가 힘들어.

"그럼 포항 지진이 촉발된 원인은 뭐예요?"

심부지열발전 때문이야. 보통 우리가 생각하는 지열발전은 화

산 지대에서 나오는 온천수를 활용하거나, 깊이 500~2000미터
내외의 땅속에서 뜨거운 물을 뽑아 터빈을 돌림으로써 전기를 생
산하는 방식이야.

우리나라 지하 3킬로미터의 지열을 살펴보면, 동남부 지역이
비교적 높아. 하지만 다른 나라에 비하면 지열이 높지 않은 편이
야. 하지만 지하 4~6킬로미터 사이에서는 포항, 부산, 경주 등에
서는 지열이 높은 곳이 존재해. 따라서 우리나라에서 지열발전을
하려면 깊은 곳의 지열을 이용해야 하지. 우리나라는 화산 지대가
아니기 때문에 더 깊숙한 곳의 지열을 이용해야 하는 거야. 지하
4~5킬로미터 지점에 물을 주입해서 데워지는 물을 뽑아 터빈을

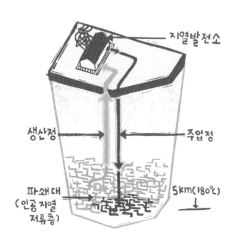

지열발전의 원리

돌려 전기를 생산하는 방식이 심부지열발전이야.

심부지열발전을 위해서는 파이프 형태의 드릴을 이용해서 깊이 4~5킬로미터 깊이까지 땅을 뚫어. 그런 다음 두 개의 시추공(파이프) 중 하나에 차가운 물을 넣고(주입정), 나머지 하나로 데워진 뜨거운 물이 나오게(생산정) 하는 거야. 파쇄대는 주입정과 생산정을 연결시키는 수로라고 할 수 있어. 주입정에 주입된 물이 암반을 파쇄하고 틈을 만들어서 그 틈을 통과해 생산정으로 연결되는 거란다.

"그럼 심부지열발전소 아래에 단층이 존재하면 위험할 수 있지 않나요? 분명 단층이 있다는 걸 알았을 텐데 왜 건설한 거예요?"

심부지열발전소를 건립하기 전에 하는 기초조사가 미흡해서 단층의 유무를 제대로 파악하지 못했던 것 같아. 2019년 포항 지진 정보조사연구단이 발표한 「포항 지진과 지열발전의 연관성에 관한 정부조사연구단 요약보고서」에 따르면, 단층이 존재한다는 사실이 이번 연구로 밝혀진 거야.

포항 지진의 진원 깊이는 얼마였지?

"약 4킬로미터예요."

맞아. 그럼 깊이 4킬로미터 부근에 단층이 있어야겠지? 지진은 단층의 움직임 때문에 발생하니까 말이야. 포항 지진이 발생했던 진원 깊이 부근의 지층에서 채취한 시료를 보면 전부 부서져 있는 것을 알 수 있어. 하지만 그중에서도 굵직한 알갱이는 원마도(둥

근 정도)가 매우 좋고 풍화와 변질을 많이 받아서 손가락으로 살짝 누르면 부서질 정도로 굳기가 매우 약해. 그리고 작은 알갱이들은 보통 점토질로 구성된 단층점토야. 이는 약 깊이 4킬로미터 구간에서 채취한 시료의 특징으로, 단층의 움직임 때문에 나타나는 특징이라고 할 수 있지.

이 시료를 편광현미경을 통해 보면 엽리를 관찰할 수 있어. 엽리는 변성암이 변성작용을 받아 광물들이 가장 높은 힘을 받는 방향의 수직으로 층을 만드는 구조야. 지층 구성 물질의 입자 크기나 구성 물질 종류의 차이에 의해 생긴 줄무늬를 말하지. 이암이나 사암과 같은 변성암에서 주로 발견된단다. 엽리가 형성되기 위해서는 열과 압력이 있어야 해.

"그럼 포항 지진의 시료에서 볼 수 있는 엽리는 단층이 이동할 때 발생한 압력과 열에 의해 형성된 것인가요?"

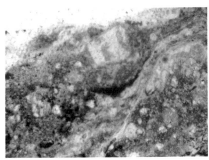

포항 지진의 진원 깊이 부근 지층에서 채취한 시료에서 나타난 엽리

훌륭해! 깊이 4킬로미터 부근에 단층의 이동이 있었을 것이라고 추정하는 가장 큰 증거가 있어. 주입정의 총 깊이는 약 4.3킬로미터였어. 그런데 지진이 발생한 뒤에 조사를 위해 시추공에 삽입된 장비가 깊이 약 3.8킬로미터 근처에서 막혀서 더 이상 아래로 내려갈 수가 없었어. 즉, 단층의 이동으로 주입정이 파손되거나 휘어진 것으로 결론을 내릴 수밖에 없었지.

포항 지진이 발생하게 된 과정을 요약해 볼게. 첫째, 주입정과 생산정을 설치하기 위해 뚫는 과정에서 엄청난 마찰열이 발생하기 때문에 이수(泥水, 흙탕물)를 함께 넣어 주는데, 이때 이수가 누출되었어. 둘째, 파쇄대를 형성하기 위해서 암석을 파쇄할 정도의 고압의 물을 주입했지. 셋째, 고압의 물을 주입할 때마다 지층의 압력이 높아져서 작은 지진들이 발생했어. 넷째, 이 작은 지진들이 미처 몰랐던 단층의 이동에 영향을 주었어. 이로 인해 우리나라 역대 2위, 전 세계 심부지열발전 관련 지진 1위에 달하는 규모 5.4의 지진이 발생한 거야.

"만약 심부지열발전소를 건립하기 전에 조금 더 연구 조사를 많이 했더라면 포항 지진은 발생하지 않았을까요?"

그럴 수도 있었을 거라고 생각해. 섣불리 건드리지 않으면 아주 아주 오랜 시간 뒤에 깨어날 수도 있었는데 우리가 잠자는 사자의 코털을 건드려 좀 더 일찍 깨운 것 아닐까?

우리나라에도
대지진이 일어날까?

너희 뉴스 봤니? 어젯밤에 우리나라에서 규모 7.0 지진이 일어났어!

"정말요? 그렇게 큰 지진이! 어떡해요? 저는 아무것도 몰랐어요."

"어디에서 지진이 발생했나요? 이번에도 양산 단층대 부근인가요?"

얘들아, 진정해. 지진은 일어나지 않았단다. 많이 놀랐니?

"휴, 정말 깜짝 놀랐다고요!"

미안하구나. 그런데 실제로 이런 일이 생기면 어떨 것 같니? 과연 우리나라에 대형 지진이 일어날 수 있을까?

"관측 이래로 규모 6.0 이상의 지진이 우리나라에서는 발생한 적이 없잖아요. 그러니까 앞으로도 우리나라에서 대형 지진은 일어나지 않을 것 같아요."

"저는 생각이 달라요. 역사 지진에는 규모 6.0 이상의 지진도 발생했다고 나오잖아요. 더군다나 역사 지진 중 가장 큰 지진은 7.0 이상이었다는 연구 결과도 있었으니까 안심해서는 안 될 것 같아요."

우리나라의 대형 지진 발생 가능성에 대한 주호와 원우의 생각이 다르구나. 먼저 지금부터 공부할 규모 7.0 이상의 지진을 우리끼리는 대형 지진이라고 하기로 약속하고 공부하도록 하자. 왜냐하면 대형 지진의 규모나 크기에 대해서는 정의된 바가 없기 때문이야.

너희가 서로 의견이 달랐던 것처럼 지진을 연구하는 과학자들의 입장도 똑같아. 우리나라에도 대형 지진이 발생할 수 있다고 생각하는 지진학자도 있고, 발생하지 않는다고 생각하는 지진학자도 있어.

"남아시아 대지진, 동일본 대지진, 칠레 대지진 등 대형 지진이라고 볼 수 있는 지진들은 모두 판의 경계 근처에서 일어났는데도요?"

판의 움직임이 상대적으로 활발한 곳에서는 지진을 발생시키는 힘이 세다고 했지? 하지만 우리가 지금까지 배웠던 것처럼 꼭 판의 경계가 아니더라도 지진이 발생할 수 있잖아. 그러니까 판의 경계 근처가 아니라고 해서 큰 지진이 일어나지 않을 거라고 단정 지을 수는 없는 거지.

실제로 중국에서 일어난 지진 중 최악의 지진이라고 불리는 탕산 지진이 발생한 위치는 판의 경계 근처가 아니었어. 오히려 판 내부라고 할 수 있어. 탕산 지진은 1976년 7월 28일 허베이성 탕산시 부근에서 발생한 규모 7.5에 달하는 대형 지진이야. 공식 기록에 의한 사망자만 약 25만 명에 달해.

"그럼 판 내부에서도 대지진이 발생할 수 있다는 말인가요?"

판 내부에서도 충분히 대형 지진이 발생할 수 있어. 단층 지역에서 단층을 움직일 만한 힘이 쌓이다 보면 더 이상 버티지 못하고 단층이 움직이면서 지진이 발생하지? 이때 대형 지진이 발생하는 데는 단층 길이도 중요하게 작용해.

탕산 지진이 발생한 지역은 탄루 단층대에 속해 있어. 우리나라의 추가령 단층대, 옥천 단층대, 양산 단층대 등에 비해서 중국 탄루 단층대에 존재하는 단층들은 길이가 굉장히 길단다.

길이가 짧은 단층은 작은 사람, 길이가 긴 단층은 큰 사람이라고 가정해 보자. 두 사람이 견딜 수 없을 만큼 배부르게 음식을 먹고 배설한다고 생각해 봐. 작은 사람은 먹은 음식의 양이 적어서 배출하는 변의 양도 적어. 그리고 큰 사람은 먹은 음식의 양이 많

- 짧은 단층은 축적·배출되는 에너지가 적다.

- 긴 단층은 축적·배출되는 에너지가 많다.

단층의 길이에 따른 에너지 축적량

아서 배출하는 변의 양도 많을 거야. 쉽게 사람과 코끼리를 비교해서 생각해 볼 수도 있겠다.

"코끼리가 하루에 300킬로그램에 육박하는 풀을 먹고 엄청난 양의 똥을 싸는 것처럼 말이죠?"

마찬가지로 단층에도 똑같이 적용할 수 있어. 지진을 일으키는 힘이 판의 경계처럼 많지는 않지만, 판 내부에도 조금씩 쌓이고 있을 거야. 그런데 길이가 짧은 단층은 그 힘을 축적할 만한 단층이 못 돼. 결국 조금 쌓이다 방출하게 되지. 그만큼 지진으로 방출되는 에너지 양이 적어.

하지만 길이가 긴 단층은 힘을 많이 축적할 수 있는 능력이 있어. 계속해서 에너지가 축적되는 거지. 그러다 더 이상 버티지 못하고 단층이 이동하면, 엄청난 에너지가 방출될 수 있는 거야. 즉, 판 내부에서도 단층 길이가 길면 대형 지진이 발생할 가능성이 높다고 할 수 있어.

2008년 중국 쓰촨성 지방에서 발생한 규모 8.0의 대지진은 약 7만 명의 사망자와 약 40만 명의 부상자 및 실종자를 냈어. 사람들이 한창 활동하는 한낮에 발생했기 때문에 많은 학생이 목숨을 잃었지. 그리고 2013년에 발생한 루산 지진 역시 규모 7.0에 달하는 대형 지진이었어. 두 지진은 모두 룽먼산 단층의 이동으로 발생한 지진이야. 룽먼산 단층의 길이는 무려 500킬로미터이기 때문에 단층이 한 번에 움직인다면 엄청난 에너지를 발생시킬 수 있어.

"그렇군요. 우리나라는 단층 길이가 비교적 짧고 판의 경계도 아니기 때문에 대형 지진이 발생할 수 없겠어요."

혹시 우리나라가 판의 경계라고 생각해 본 적 없니?

"우리나라가 판의 경계에 있다고요?"

이 이야기에는 아주 재미있는 가설이 있어. 단, 아직까지는 가설 단계이기 때문에 추후 연구가 계속 필요하다는 사실을 잊어서

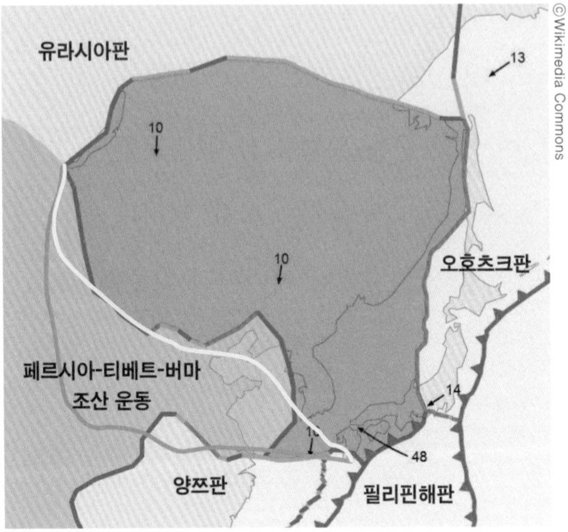

유라시아판
오호츠크판
페르시아-티베트-버마
조산 운동
양쯔판
필리핀해판
©Wikimedia Commons

아무르판 가설에서 주장하는 아무르판의 경계

는 안 돼.

"지도에 있는 빨간색, 노란색, 파란색 선은 뭔가요?"

바로 판 구조론의 뜨거운 감자, 아무르판(Amurian Plate)으로 추정되는 경계선이란다. 아무르판의 존재는 아직 확실하지 않기 때문에 판의 경계 위치가 모호해서 다양한 경우를 나타낸 것이지.

"우리나라는 유라시아판 내부에 속한다고 배웠는데, 너무 헷갈려요. 우리나라는 유라시아판이 아니라 아무르판 위에 있나요? 그렇다면 판의 경계가 우리나라를 지나고 있으니까 대형 지진이 발생할 수 있잖아요."

그럴 수 있지. 하지만 아직 가설일 뿐이야. 아무르판은 1981년

러시아의 물리지질학자 사보스틴 알렉세예비치(Savostin Alekseevich) 등이 주장한 가설이야. 최근 위성을 통해 판의 움직임을 연구한 결과가 아무르판 가설을 지지한다는 견해도 있어. 아무르판에 해당하는 지역은 유라시아판에 대하여 남동쪽으로 이동하고 있다는 연구 결과가 있거든. 그래서 독립적인 판으로 인식해야 한다는 의견도 있지.

3장

은행에 있던 돈이 모두 사라졌다!

지진으로 인한 피해는 다양해. 지진 자체에 의한 1차 피해 외에도 지진이 끝난 뒤에 발생하는 2차 피해로도 많은 피해를 입을 수 있어. 건물 붕괴 및 도로 유실, 지진해일 등 지진의 직접적인 피해가 1차 피해라면 그 외 화재, 산사태, 액상화 현상 등은 2차 피해라고 할 수 있지.

"지진 때문에 화재가 많이 발생하나요?"

그렇단다. 지진이 많이 일어나는 일본을 예로 들어 살펴볼까? 1995년 한신·아와이 대지진, 2011년 동일본 대지진, 1923년 간토 대지진 등 지진에 의해 발생한 화재 피해가 엄청났어.

지진	규모	화재로 인한 피해
한신·아와이 대지진	6.9	• 화재 발생 건수 : 293건 • 완전히 불탄 건물 : 7036채
동일본 대지진	9.0	• 화재 발생 건수 : 380건 • 화재 및 쓰나미 등에 의한 붕괴 건물 : 13만 채
간토 대지진	7.9	• 지진으로 인한 총 사망자 : 10만 5000명 • 화재로 인한 사망자 : 9만 명
도심 남부 직하 지진 (예상)	7.3	• 완전히 불탄 건물 : 19만~82만 채

지진이 불러온 화재

도심 남부 직하 지진은 수도 아래에서 규모 7.3에 달하는 지진이 발생했을 경우 예상되는 화재 피해를 나타낸 거야.

"지진으로 건물이 붕괴되는 것도 무섭지만 화재로 인한 피해도 상당하네요. 그런데 왜 지진 때문에 화재가 발생하는 건가요?"

화재가 발생하려면 불에 탈 물질, 산소, 발화점 이상의 온도가 필요해. 지진이 발생하면 가스가 이동하는 가스관, 기름이 이동하는 송유관 등이 파열될 수 있고, 그럼 가스와 기름이 새어 나와. 산소는 항상 존재하니까 건물이나 자동차 등이 서로 부딪치면서 불꽃이 생기면 발화점 이상의 온도를 가질 수 있게 되는 거지. 그렇게 되면 여기저기서 화재가 많이 발생할 수 있어. 일본은 특히 나무로 만들어진 건물이 많기 때문에 화재에 더욱 취약해. 그렇다고 철근 콘크리트도 안심할 순 없어. 뜨거운 열에 의해 철근이 휘어지면 건물이 붕괴될 수 있거든.

"화재가 발생하면 소화전을 이용해서 초기에 진압하면 괜찮지 않을까요?"

물론 가까운 소화전으로 화재를 빨리 진압하면 좋겠지만, 만약 소화전에 물이 나오지 않는다면 어떨까?

"소화전은 언제든 사용할 수 있는 게 아니에요?"

수도관이 파열되어서 물이 나오지 않을 수도 있어. 게다가 우리가 물을 사용하기 위해서는 전기가 필요해. 전기가 공급되지 않으면 물이 나오지 않을 수 있지. 그래서 펌프를 이용해 물을 필요한 곳으로 내보내는 정수장 근처의 전봇대나 송전탑이 무너지면 물을 사용하기 어려울 수 있어.

"펌프를 사용해야 한다면 정말 전기가 필요하겠어요."

전기가 공급되지 못한다는 것은 굉장히 무서운 일이야. 물론 불편한 점도 많겠지만, 진짜 문제는 생명과 직접적으로 연관이 있는 사람들은 굉장히 위험해질 수 있다는 사실이야. 병원에 입원해서 치료를 받는 환자를 생각해 봐. 환자의 생명을 유지하려면 많은 기기들이 필요할 텐데 전기가 공급되지 않으면 이런 중요한 기기들이 작동을 멈추겠지. 그러면 생명에 지장을 받을 수 있어.

"태풍 때문에 집에 전기가 끊긴 적이 있는데, 평소에 꺼져 있던 자그마한 전등이 환하게 밝아졌어요. 그때 발전기를 통해 일정 시간 동안은 전기를 공급받을 수 있다고 아빠가 말씀해 주셨어요. 병원에도 자가발전기가 있지 않을까요?"

큰 병원에는 자가발전 장치나 배터리 등이 갖추어져 있는 경우가 많아. 그렇기 때문에 어느 정도는 전기를 사용할 수 있을 거야. 하지만 전력을 복구하는 데 시간이 오래 걸린다면 위험해질 수 있어. 자가발전 장치나 배터리로는 한계가 있기 때문이야.

"화재가 일어나거나 전력이 차단되면 불편한 상황들이 계속 이어지겠어요. 전력이 복구될 때까지 사용할 비상식량이나 물품을 마련하기 위해 마트나 시장에 사람이 엄청 몰려들 수도 있고요."

그렇겠지? 그런데 만약 통장이나 카드에 들어 있던 돈이 없어진다면 물건을 구입하고도 값을 치르지 못해서 곤란하지 않을까?

"네? 갑자기 그게 무슨 말이에요? 지진이 일어나면 은행에 있던 돈을 잃어버리나요?"

너희 혹시 데이터 센터라고 들어 봤니? 데이터 센터는 컴퓨터 시스템과 통신 장비, 저장 장치인 스토리지 등이 설치된 시설을 말해. 각종 데이터를 모아 두는 시설이지. 우리나라에는 네이버(NAVER)가 국내 포털 기업으로서는 최초로 자체 구축한 데이터 센터 '각(閣)'이 있어.

우리가 생활하는 거의 모든 것은 전산 정보로 되어 있어. 예를

네이버 데이터 센터 각의 전경

들어, 아파서 병원에 갔을 때 진료 기록, 은행에 돈을 입금할 때 계좌 정보, 시간에 맞춰 운행되는 지하철 등 모든 정보가 데이터 센터에 기록되어 있지. 방대한 양의 데이터를 다루기 때문에 컴퓨터 수백 대, 수천 대가 있어. 컴퓨터에서 발생하는 열도 엄청날 거야. 이를 조절하기 위해서는 냉각 장치 등에 막대한 전력이 필요해. 그런데 만약 데이터 센터에 지진이 일어나서 붕괴되거나 화재가 발생하고 전력이 끊긴다면 어떻게 될까? 사회 활동이나 경제 활동이 마비될 수 있어.

"그럴 것 같아요. 인터넷으로 물건을 사고 싶어도 내 정보가 없기 때문에 못 살 수도 있고, 카드로 물건을 사고 싶어도 계산이 안

될 수도 있겠어요. 내 정보가 모두 사라져 버리니까요."

그리고 만약 데이터 센터가 복구된다고 하더라도 데이터가 전송되는 통신선이 끊겨 버리면 나의 정보가 없는 것이나 마찬가지일 거야.

지진으로 발생할 수 있는 또 다른 피해는 산사태와 액상화 현상이야. 산사태가 일어나면 도로나 건물뿐만 아니라 인명 피해도 입을 수 있기 때문에 정말 위험하지. 2008년 규모 8.0의 강력한 지진이 일어난 중국 쓰촨성 지역은 산사태로 인해 큰 피해를 입었어.

액상화 현상 역시 땅이 액체처럼 움직이기 때문에 땅 위에 있는 건물이나 도로에 심각한 피해를 줄 수 있어. 인명 피해 역시 발생할 수 있지. 하지만 지진이 일어난다고 모든 곳에 액상화 현상이 나타나지는 않아. 액상화 현상이 일어나려면 지면 아래에 있는 땅이 크기가 비슷한 모래 입자로 구성되어 있어야 해. 그리고 모래 입자 사이에 지하수가 있을 때 잘 발생해.

약하게 결합되어 있는 모래 입자 사이에는 많은 틈새가 있는데, 그 틈에 지하수가 있다고 생각해 봐. 지진으로 지층이 흔들리면 모래 입자 사이의 결합이 끊어지면서 모래 입자들이 물속에 뜬 상태가 되지. 그러면 지층이 마치 액체처럼 움직이는 거야. 그리고 모래 입자들의 움직임이 멈추면 차곡차곡 가라앉으면서 지층 위에 있던 건물이 원래 위치보다 아래로 내려앉는 동시에 지하수가

액상화 현상이 일어나는 순서

지표로 분출될 수 있어. 모래가 섞인 물이 지표로 나오는 거지. 액
상화 현상으로 건물뿐만 아니라 댐, 철도, 전봇대, 전신주 등 땅 위
에 설치된 구조물이 휘어지거나 쓰러질 수 있어.

"혹시 우리나라도 지진으로 액상화 현상이 일어난 사례가 있나
요?"

물론이야. 2017년 포항 지진 이후 진앙지 인근에서 액상화 현
상이 발견되었지. 땅속에서 흙탕물이 솟구치고, 건물이 기울기도
했어.

그리고 놀랍게도 파키스탄에는 지진으로 인한 액상화 현상 때
문에 생긴 섬도 있단다.

"액상화 현상으로 섬이 생겼다고요?"

2013년 파키스탄에서 발생한 규모 7.8의 강력한 지진으로 새로

운 하나의 섬이 형성되었어. 이 섬의 높이는 무려 약 20미터에 달해. 섬이 형성된 곳의 수심이 약 15~20미터라고 하면, 총 35~40미터 높이의 진흙 더미가 쌓였다고 할 수 있지.

"액상화 현상이 엄청난 결과를 가지고 올 수 있네요. 땅속에서 흙탕물이 솟아오르는 걸 마냥 신기하게만 바라봐서는 안 되겠어요."

징역 6년, 벌금 120억 원을 선고하노라

이탈리아의 위대한 과학자 갈릴레오 갈릴레이(Galileo Galilei)를 알고 있니? 갈릴레오는 지구가 우주의 중심이라고 주장하는 천동설과 우주의 중심이 지구가 아닌 태양이라고 주장하는 지동설이 대립하던 때에 망원경으로 지동설의 증거를 발견했어. 그 당시에는 천동설에 반대되는 지동설을 지지하는 사람들은 엄격한 벌을 받았단다. 하지만 갈릴레오는 1632년에 『두 가지 주요 우주체계에 대한 대화(Dialogo sopra i due massimi sistemi del mondo)』라는 책을 발간했어. 그 책은 지동설을 우회적으로 표현한 책이었지. 이 사실을 알게 된 교황은 갈릴레오를 종교 재판소에 세우고 유죄 판

결을 받게 했어.

"갈릴레오는 과학자로서 자신의 역할을 충분히 한 것뿐인데 너무 심한 것 같아요."

그런데 2009년 이탈리아에서 발생한 지진 때문에 '현대판 갈릴레오 재판'이라고 불리는 사건이 일어났단다. 지진 예측에 실패했다는 이유였지.

"지진 예측은 거의 불가능하잖아요. 그런데 실패했다고 재판을 받다니, 정말 너무해요."

2009년 4월 6일 이탈리아 중부 아브루초주에서 발생한 라퀼라 지진은 규모 6.3으로 약 300여 명의 사망자와 1500여 명의 부상자를 냈어. 사실 지진이 일어나기 몇 개월 전부터 약한 지진이 계속 이어지고 있었다고 해. 불안한 시민들을 위해 이탈리아에서는 과학자 6명과 지역 공무원 1명으로 구성된 위원회를 소집하고, 라퀼라 지진이 발생하기 일주일 전에 지진 발생 가능성에 대해 발표했어. 과학자들은 불안에 떠는 시민들을 안심시켰단다.

"강진이 발생할 시기가 언제인지는 예측 불가능하다."

"거대한 지진이 발생할 가능성은 없다."

"약한 지진은 라퀼라 지역에서 일어날 수 있는 일반적 현상이다."

"안심하고 집에서 일상을 보내도 된다."

하지만 결국 일주일 뒤 규모 6.3의 강진이 발생하고 말았던 거야.

"아무리 그래도 과학자들 역시 몇 달 전부터 불안에 떠는 시민들을 위해 자료를 조사하고 지진을 예측하기 위해서 많은 노력을 기울였을 텐데, 그 결과가 재판이라니……."

선생님도 과학자라면 지진 발생 여부를 100퍼센트 장담하지는 못할 것 같아. 약한 지진이 꼭 강한 지진이 온다는 명확한 전조 증상은 아니니까. 그렇다고 계속 시민들을 불안에 떨게 할 수는 없으니 많이 고민될 것 같아. 사실 지진 예측은 지진학자의 궁극적 목표지만, 아직까지 신의 영역이라고 말하고 있거든.

하지만 11명의 유가족들은 불완전하고 부정확한 지진 정보를 제공해서 수많은 사람이 사망한 것은 형사 처벌의 대상이라며 과

라퀼라 지진으로 무너져 엉망이 된 건물

학자들을 기소했어. 그 결과 징역 6년형, 벌금 약 120억 원(900만 유로)의 판결이 내려졌지. 과학계는 큰 충격을 받았어. 5000여 명의 과학자들이 이 판결에 대해 무혐의를 촉구하는 청원서를 이탈리아 대통령에게 보내기도 했지.

"정말 현대판 갈릴레오 재판이네요. 갈릴레오는 유죄를 받았는데, 과학자들에게는 최종적으로 어떤 판결이 내려졌나요?"

다행히 1차 재판 결과와는 반대로 무죄를 인정받았어. 사실 이이야기 속에는 또 다른 이야기가 숨어 있어. 라퀼라 지진이 발생하기 몇 주 전으로 거슬러 올라가. 라퀼라 인근에 있는 국립핵물리학연구소의 지진학자인 지암파올로 줄리아니는 몇 달 전부터주기적으로 나타나는 진동, 라돈 가스의 비이상적인 농도 변화 등을 감지하고 지진이 곧 발생할 거라고 예상했어. 그 사실이 알려진 뒤 시민들이 대피하는 소동을 빚기도 했지. 하지만 지진은 발생하지 않았어. 줄리아니는 허위 사실 유포, 선동죄 등의 이유로 고발을 당하고 자신의 연구 결과를 삭제해야만 했어. 그로부터 얼마 뒤, 라퀼라 지진이 발생한 거야.

"줄리아니의 의견을 사람들이 조금 더 주의 깊게 들었으면 어땠을까요?"

지금에서는 모든 사람이 그렇게 생각할 거야. 하지만 우리가 그 당시 라퀼라 시민이었다면 어떻게 행동했을까? 지진 예측은 정말 어려운 일이야.

"선생님, 그럼 지진 예측 성공 사례는 없나요?"

현재 과학적인 접근 방법으로 지진 예측에 성공했다고 인정받는 사례가 있어. 1975년 2월 4일 중국 허베이성에서 라돈 가스 방출량 증가, 지하수의 수위 및 맛 변화, 동물의 이상 행동 등의 일들이 감지됐어. 겨울잠을 자던 뱀이 깨어나기도 했지. 중국 정부는 지진이 발생할 확률이 높다고 판단하여 주민들에게 대피하라고 알렸어. 주민 100만 명이 대피했고, 몇 시간 뒤 규모 약 7.0에 해당하는 지진이 발생했어. 중국 허베이성 지진은 24시간 내에 지진이 일어날 것을 예측한 유일한 사례야.

"허베이성은 1976년에 탕산 지진이 일어난 곳 아닌가요? 이상해요. 1975년에 지진을 예측하는 데 성공했다면 왜 1976년에는 예측하지 못했나요?"

그게 바로 지진 예측의 어려움을 이야기해 주는 거라고 생각해. 지금까지 배웠던 지진 전조 현상들이 꼭 지진으로 연결되지는 않아. 그래서 지진 예측이 아주 어려운 일이지.

돌고래는 죽고
두꺼비는 이사 간다

아주아주 먼 옛날, 절친한 친구인 두꺼비와 돌고래가 있었어. 서로 사는 곳은 달랐지만 몹시 우정이 두터웠던 둘은 매일 연락을 주고받았지.

그러던 어느 날, 두꺼비가 평소와는 다른 심상치 않은 기운을 느낀 거야. 곧 커다란 지진이 올 것 같다고 생각했지. 두꺼비는 이 사실을 돌고래에게 어서 알려 줘야겠다고 마음먹었어. 하지만 아무리 연락을 해도 돌고래에게서는 소식이 없는 게 아니겠어?

두꺼비는 같은 마을에 살고 있는 두꺼비 친구들에게도 지진이 올 거라고 경고했어. 당장 마을을 떠날 것을 권했지. 그리고 두꺼비가 친구들과 함께 마을을 벗어났을 때 거짓말처럼 지진이 발생했어.

왜 돌고래는 연락을 받지 못했냐고? 두꺼비가 곧 지진이 일어날 거라는 소식을 알려 주려고 했을 때 돌고래는 이미 숨을 거둔 상태였거든. 무슨 이유였는지 지진이 발생하기 전에 목숨을 잃은 거야. 두꺼비는 돌고래가 죽은 이유를 알아내려고 노력했지만 끝내 명확하게 밝혀내지는 못했어. 다만, 지진으로 인한 어떤 이유 때문이었을 거라고 추측했지.

"갑자기 웬 동화예요?"

지진의 전조 현상에 대해 이야기해 보려고 준비했단다. 지진 전조 현상이란 지진이 일어나기 전에 발생하는 현상을 말해. 이 동화 속에서 우리가 지진의 전조 현상이라고 추측할 수 있는 것은 무엇일까?

"음…… 두꺼비들이 한꺼번에 마을을 떠난 것과 돌고래가 지진이 일어나기 전에 죽은 게 전조 현상 같아요."

맞아. 선생님이 하려는 이야기를 정확히 파악했구나. 하지만 지진 전조 현상은 아직 과학적으로 증명되거나 명확한 상관관계가 있는 건 아니기 때문에 조심히 접근해야 해. 그러니까 우리가 지금 공부하는 지진 전조 현상은 '아, 이런 것도 있구나 혹은 저런 것도 있구나' 하면서 재미있는 이야기 정도로 받아들이면 될 것 같아. 무조건 믿어서는 안 돼. 알았지?

지진의 전조 현상으로 이야기되고 있는 많은 현상 중 하나는 동물의 이상 행동이야. 예를 들어, 두꺼비와 돌고래의 동화에서처럼 두꺼비들이 떼를 지어 이동하는 거지. 실제로 2008년 쓰촨성 대지진이 있기 이틀 전에 두꺼비의 대이동이 목격되었어.

그리고 2009년 이탈리아 라퀼라의 한 연못에서 두꺼비의 번식 행동을 연구하던 한 과학자는 100마리 가까이 보였던 두꺼비가 모두 사라지는 황당한 경험을 했어. 그리고 5일 뒤, 규모 6.3의 강진이 발생했어.

"정말로 지진이 발생한다는 사실을 미리 알고 이동한 걸까요?"

확실하지는 않지만, 어떤 연구 결과를 토대로 이야기해 줄게. 지진이 발생하기 전에 일어나는 지층의 변화가 두꺼비가 살고 있는 연못물의 화학 성분을 변화시킨다는 거야. 또 다른 연구에서는 지진이 발생하기 전에 엄청난 힘을 받고 있는 지층은 전기적 성질을 띠는 입자를 방출하는데, 이 입자가 두꺼비에게 영향을 주었다고 이야기하고 있어.

"동물들은 더 예민하고 민감하기 때문에 사람보다 먼저 위험을 알아차리는 능력이 있을 것 같아요."

선생님도 그렇게 생각해. 동물 이상 행동으로 돌고래가 집단으로 죽는 경우 역시 지진과 연관성이 있다는 주장도 있어. 오키나와에서 발생한 규모 6.8 지진이 발생하기 7일 전에 돌고래가 짚단 폐사하는 사건이 있었어. 이 같은 돌고래 집단 폐사를 두고 대지진의 전조 현상일 수 있다는 관측이 제기되었지. 동일본 대지진 6일 전에도 약 50마리의 돌고래가 죽었고, 2011년에는 뉴질랜드 크라이스트처치 인근 해변에서 돌고래 107마리가 집단으로 죽은 지 이틀 만에 지진이 발생한 일도 있었어.

이처럼 지진 발생 전 동물의 이상 행동을 분석한 연구가 있어. 이 연구에서는 지진 발생 이전 시간 경과에 따른 동물 이상 행동이 목격된 사례를 수치로 나타냈어. 대부분의 목격 사례가 지진 발생 최소 3일 전인 것으로 나타났어.

"지진과 관련된 동물의 이상 행동이 더 많이 연구돼서 우리가 지진을 미리 대비할 수 있으면 얼마나 좋을까요?"

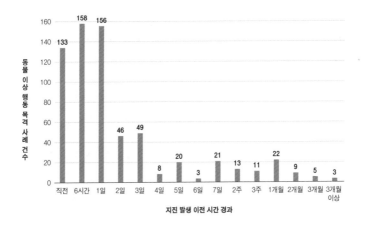

지진 발생 이전 시간 경과에 따른 동물 이상 행동 목격 사례

두꺼비나 돌고래 외에도 지진과 관련 있다고 보는 동물들의 이상 행동이 많아.

1969년 중국의 톈진 동물원에서 곰이 날뛰기 시작하고, 동물원 내 호수에 있던 백조들이 육지로 기어오르는 등 이상 행동을 보였어. 동물원 관리원들이 지진 센터에 이 사실을 알렸지. 그 이후 톈진에서는 규모 7.4의 강진이 발생했어.

1975년 중국 하이청에서는 쥐가 쥐구멍에서 기어 나와 힘없이 쓰러지고, 겨울잠을 자야 할 뱀이 굴에서 나와 얼어 죽었어. 기르던 닭이나 개들도 몹시 불안정한 모습을 보였지. 지진 센터는 이 같은 현상을 토대로 지진이 임박했음을 예견했고, 주민 100만 명에게 대피령을 내렸어. 사흘 뒤 실제로 규모 7.3의 지진이 일어났지.

2004년 남아시아 대지진 때는 이런 일도 있었어. 태국 남부의 휴양지 카오락에서 관광용 코끼리가 매우 불안해하며 큰 소리로 울기 시작했어. 조련사가 아무리 달래도 말을 듣지 않던 코끼리는 갑자기 관광객을 등에 태운 채 언덕을 향해 달렸다고 해. 관광객과 조련사는 코끼리의 이상 징후를 확인하고 나서야 엄청난 해일이 밀려온다는 것을 알았고, 몇몇 사람을 코끼리 등 위에 간신히 태웠어. 코끼리들은 지진해일이 미치지 않는 언덕에 이르러서야 걸음을 멈추었어.

2005년 규모 7.6 지진으로 많은 사망자가 발생한 파키스탄에서는 지진이 발생하기 전에 새들이 이상 행동을 보였다고 해. 까마귀가 비명에 가까운 울음소리를 냈고, 다른 새들도 갑자기 날카로운 울음소리를 내면서 둥지를 떠났어.

"지진 전조 현상으로 동물들의 이상 행동과 관련된 이야기가 정말 많네요. 동물들은 어떻게 미리 아는 걸까요?"

아직 명확한 것은 없지만, 실제로 인간보다 민감한 감각을 가진 동물들이 있어. 코끼리는 발바닥의 두꺼운 지방층이 매우 예민해서 작은 진동을 느낄 수 있어 P파를 빨리 감지할 수 있다고 해. 철새들은 뇌에 있는 자기장을 감지하는 부분이 있어서 지진에 의한 자기장 변화를 느낄 수 있고, 독수리는 4킬로미터 거리의 먹이를 찾을 정도로 후각이 발달해서 지각의 미세한 틈으로 새어 나오는 가스를 맡을 수 있어. 개구리는 피부나 혀로 공기 중의 습도를 감지할 수 있어서 미세한 성분 변화를 감지할 수 있지. 또 방울뱀은 천 분의 1도까지 온도 변화를 알아챌 수 있기 때문에 지진에 의한 미세한 온도 변화를 감지할 수 있고, 메기는 1킬로미터 밖에 있는 1.5볼트의 전류도 감지할 수 있어서 지진에 의한 전류 및 전압 변화를 느낄 수 있어. 여치는 수소 원자의 반지름에 해당하는 진동까지 느낄 수 있기 때문에 미세한 진동을 감지할 수 있단다. 개미는 인간보다 후각이나 진동 감지 능력이 500~1000배 민감한 더듬이 덕분에 인간보다 먼저 지진을 느낄 수 있다고 하지.

"예민한 감각을 가진 동물들이 굉장히 많네요."

또 다른 지진의 전조 현상으로 연구되고 있는 것은 지진운이야. 지진운은 지진 전에 발생하는 구름을 가리켜. 포항 지진 때 지진운과 관련된 뉴스가 나오기도 했지. 하지만 실제로 지진과 연관되어 있다는 게 밝혀진 사례는 거의 없어. 아까 전조 현상과 관련된 내용은 무조건 믿거나 따르면 안 된다고 한 이유지.

지진운은 땅 밑 지하에서 올라온 전자파가 공기 중의 가스에 영향을 미쳐 생성되기도 하고, 암석이 힘을 받으면 전자파를 발생시켜서 형성된다고도 해. 일본에서 지진운과 관련된 재미있는 실험을 했어. 일본은 지진 발생 빈도가 높기 때문에 상대적으로 지진운과 관련된 자료가 많아. 그래서 지진이 발생하기 2주 전, 1주 전, 3일 전, 지진 발생 직전에 발생한 구름을 분류했지. 그리고 구름이 형성되기 좋은 환경을 만들어 놓고, 거기에 지진이 발생하기 2주 전, 1주 전, 3일 전, 지진 발생 직전에 발생할 수 있는 전자파를 발생시켰어.

"어떤 결과가 나왔나요?"

놀랍게도 구름의 모양이 꽤 비슷했어. 하지만 과학적으로 입증되지 않았기 때문에 지진운 역시 지진의 전조 현상으로 인정받지 못하고 있단다.

봤어? 번쩍이던 것!

"지진 전조 현상에 대해 열심히 연구한다면, 가까운 미래에는 지진을 과학적인 방법으로 예측할 수도 있지 않을까요?"

그렇겠지? 그럼 우리 지진 전조 현상에 대해 더 많은 것들을 공부해 볼까? 사실 지진 전조 현상으로 거론되고 있는 것은 라돈 농도 변화, 지하수위 변화, 지진광 등 많은 것들이 있어. 그만큼 지진이 다양한 변화를 가지고 올 수 있음을 의미이기도 하지. 먼저, 지진이 발생하기 전 지하수의 수위에는 어떤 변화가 있을까?

"지층에 힘이 가해지면 틈이 생겨서 지하수가 빠져나가지 않을까요? 지하수의 수위가 낮아질 것 같아요."

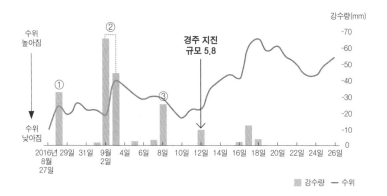

경주 지진 발생 전후 경산 남산면의 지하수위 변화

과연 원우 생각이 맞을까? 경주 지진 발생 지역과 비교적 가까운 경산 남산의 지하수위 변화를 함께 살펴보자.

그래프에서 ①, ②로 표시해 둔 날짜에는 비가 내렸어. 그래서 지하수위가 높아졌지.

"비가 많이 내리면 지하수위가 올라가는 게 당연하잖아요."

맞아. 그런데 ③을 살펴볼까? 그날도 비가 내렸는데도 불구하고 지하수위가 내려갔어. 그리고 며칠 뒤 경주 지진이 발생했어. 원우가 예상했던 것처럼 지층에 힘이 가해지면 틈이 생겨서 지하수가 빠져나가는 현상이 생긴 걸까?

"그럼 지신 전조 현상으로 아주 명확할 것 같은데요?"

그런데 만약 관측하는 곳마다 지하수의 수위 변화가 다르다면

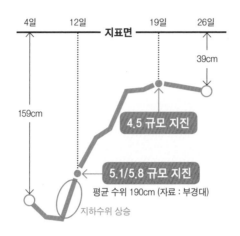

경주 지진 전후 경주 산내면 의곡리 지하수위 변화

지진 전조 현상으로 볼 수 있을까? 경북 경주시 산내면 의곡리에서는 경주 지진이 발생하기 전 지하수위가 높아졌어.

단순히 수위가 낮아지거나 높아지는 데 일정한 변화가 없다면 지진 전조 현상으로 보기에는 어려울 수 있겠지. 하지만 확실히 두 곳 모두 평균 변화량과는 전혀 다른 비정상적인 수위 변화를 보였잖아. 그렇다면 지진 전조 현상으로 볼 수도 있지 않을까?

"평소와는 다른 변화가 있다는 건 어떤 의미가 있을 수도 있겠어요. 그런데 어떤 곳은 지하수위가 높아지고, 또 다른 곳은 낮아지는 이유가 뭘까요? 왜 관측소마다 수위 변화가 다른 거예요?"

지층에 힘이 가해졌다고 생각해 보자. 귤이나 오렌지를 손에 쥐

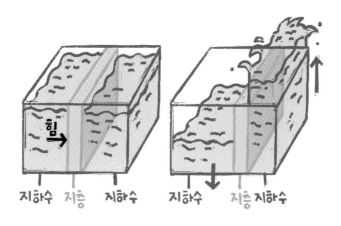

지층에 가해지는 힘과 지하수위 변화

고 꽉 쥐어짜는 것처럼 말이야. 그럼 힘을 받는 곳에 있는 지하수는 그 압력으로 인해서 수위가 상승할 거야. 반대로 힘을 제공해 준 곳에서는 마치 암석에 힘을 가한 뒤 힘이 빠진 것처럼 지하수가 하강하는 거지.

"충분히 그럴 수 있겠어요. 그러면 지하수위 변화를 실시간으로 관측해서 비이상적인 변화를 포착하면 지진 전조 현상으로 볼 수 있겠군요."

그렇단다. 하지만 우리가 직접 볼 수 없는 지구 내부에서 어떤 일이 일어나고 있는지 모르기 때문에 섣불리 판단해서는 안 돼.

지하수 수위에 변화가 있는 것처럼 지진 전후에는 라돈 농도에도 차이를 보인다고 해. 라돈은 암석에 포함되어 있는 우라늄 등이 붕괴하여 형성되는 원소로 기호는 Rn, 원자 번호는 86이야.

"우라늄이 붕괴한다는 게 무슨 말이에요?"

우라늄은 원소 중에서도 질량이 무거운 원소야. 만약 갑자기 살이 쪘다면 어떨 것 같니?

"너무 불편할 것 같아요. 당장 살을 빼고 싶을 만큼이요."

원소도 마찬가지야. 무거운 원소가 가벼운 원소로 변하기 위해 필요한 과정을 붕괴라고 볼 수 있어.

라돈은 색깔이나 냄새가 없기 때문에 사람의 감각기관으로는 감지가 불가능해. 그리고 건물의 미세한 균열이나 노출된 지표에 의해서 지표면의 건물 안이나 지하의 건물 안에서도 발견될 수 있단다. 고농도의 라돈이 실내 생활을 하는 사람의 폐에 들어가면 폐암의 주요 원인이 될 수 있어. 다행히 우리나라 공기 중에 있는 라돈 농도는 위험한 수준은 아니라고 해. 라돈과 지진 전조 현상은 대체 어떤 관계가 있을까?

"라돈은 암석에 포함되어 있는 우라늄 등이 붕괴해서 형성된다고 했잖아요. 그러니까 지진 발생 전에 암석에 힘이 가해지면 그 틈으로 새어 나오지 않을까요?"

물론 암석 틈으로 기체가 새어 나올 수도 있지. 그리고 지하수에 라돈이 녹아 농도 변화를 보일 수도 있어.

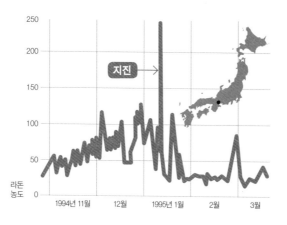

일본 한신·아와이 대지진 전후 지하수 속 라돈 농도 변화

1995년 발생한 한신·아와이 대지진은 일본에서 최악의 지진으로 뽑기도 해. 고베 지진 피해 현장을 보면 마치 영화의 한 장면이라고 해도 무색할 정도로 처참하지. 지진이 발생하기 전 고베 지역 지하수에 녹아 있는 라돈 농도는 확실히 평소와는 다른 비이상적인 변화를 보였어.

"우리나라 지진과 관련된 라돈 농도 변화는 어땠나요?"

아직 단정 짓기는 어렵지만 눈여겨볼 만한 상관관계가 나타난 적이 있어. 포항 지진이 발생하기 전에 지하수 내 라돈 농도가 증가했지. 주호가 이야기했던 것처럼 지층에 힘이 가해지면서 틈 사이로 라돈 가스가 방출되고, 방출된 라돈 가스가 지하수에 녹았기

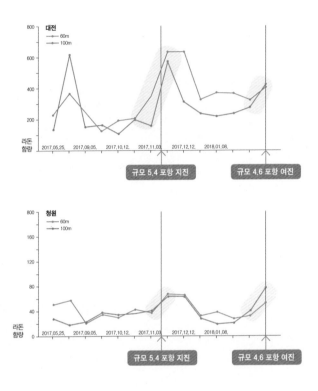

포항 지진 전후 대전과 청원의 지하수 내 라돈 함량 변화

때문이야.

"대전과 청원은 포항과 멀리 떨어져 있지 않나요? 그럼에도 불구하고 라돈 함량에 변화가 있다니 놀라워요."

아직 놀라기는 이른 것 같구나. 포항과 대전·청원보다도 훨씬 먼 거리에서 발생한 지진의 영향으로 라돈 농도가 변했던 일도 있었단다. 동일본 대지진 당시 우리나라에서 라돈 농도의 비이상적인 농도 변화가 있었어. 2010년 5월부터 2011년 6월까지 1년간 경북 울진 성류굴에서 라돈 농도 변화를 연구했는데, 놀랍게도 동일본 대지진 이전에 비이상적으로 동굴 안 라돈 농도가 변한 것을 확인할 수 있었지.

"라돈 농도의 변화야말로 확실한 지진 전조 현상이라고 할 수 있을 것 같아요! 지진을 정확히 예측하는 것도 가능하지 않을까요?"

과연 그럴까? 이 연구에 따르면, 동일본 대지진이 발생하기 이전에도 비이상적인 변화가 관찰되었어. 이러한 이유 때문에 지진 전조 현상으로 지진을 예측하는 것은 매우 어렵단다. 그래서 최근에는 라돈 가스가 아닌 다른 가스를 대상으로 지진 전조 현상을 연구하는 과학자들이 많아지고 있어. 성류굴 연구에서 라돈 농도보다 더 명확한 가스 농도의 변화를 발견했거든.

바로 토론(Thoron)이야. 라돈은 사실 자연현상으로 생기는 농도 변화와 구분이 뚜렷하지 않다는 단점이 있어. 그리고 계절에 따라 농도 변화를 보이는 가스지. 하지만 토론은 확실히 동일본 대지진 전에만 비이상적으로 농도가 증가했단다.

"그럼 라돈과 토론을 함께 연구하면 조금 더 정확하게 지진을 예측할 수 있을 것 같아요."

선생님도 그렇게 생각해. 하나의 지표가 아니라 여러 가지 지표를 함께 이용한다면 지진 예측 확률을 높일 수 있을 거야.

이제 지진광에 대해서 이야기해 보자. 지진광은 쉽게 이야기해서 번개라고 생각하면 될 것 같아. 지진광은 지진이 발생하기 전보다는 지진이 발생하면서 나타날 확률이 더 높다고 해.

"지진광이 형성되는 이유는 뭐예요?"

번개는 보통 소나기가 올 때나 구름이 아주 두꺼울 때 잘 발생해. 두꺼운 구름에서는 구름 아래쪽으로 음(−)전하가 모일 수 있어. 그렇게 되면 음전하를 좋아하는 양(+)전하가 지표 근처로 모이지. 그럼 강한 전압이 형성되고, 전류가 충분히 흐를 수 있는 길이 만들어져. 그 길로 강한 전류가 흐르면서 번쩍번쩍 빛을 내는 것이 번개가 형성되는 원리야.

구름의 음전하와 지표면의 양전하 사이에 전류가 흐르는 번개

"그럼 지진에 의해 지층들이 움직이면서 강한 전압을 만들면 번개가 생길 수 있겠네요."

빙고! 외국의 한 연구팀은 두 지층 모형을 만든 다음 서로 밀고 당길 때마다 주변에 엄청난 전압 변화가 측정되었다는 연구 결과를 발표한 적이 있어. 여기서 모형을 서로 밀고 당기는 것은 지층의 움직임에 비유할 수 있단다. 조그마한 모형으로 실험했음에도 불구하고 100볼트 이상의 전압이 만들어졌어. 그러니까 실제 지진이 발생할 때 형성되는 전압은 굉장하겠지? 이러한 전압이 생기는 이유는 아직 정확하게 밝혀지지 않았지만, 여러 가지 이론 중 하나를 소개할게.

암석, 특히 석영이 포함된 암석에 힘이 가해지면 강한 전압이 형성되고 그 주변에 순간적으로 전류가 흐를 수 있다는 게 실험을 통해 어느 정도 밝혀졌어. 이 실험에 따르면 석영 함량이 높은 화강암, 유문암을 마찰시켰을 때는 밝은 빛을 볼 수 있지만, 석영 함량이 비교적 적은 석회암을 마찰시켰을 때는 발광 효과가 미비하다는 것을 알 수 있어.

우리도 석영 두 개를 서로 마찰시켜서 지진광 실험을 할 수 있단다. 주변에서 쉽게 구할 수 있는 돌을 이용할 수도 있지만, 석영을 이용하면 실험 결과를 더 잘 확인할 수 있을 거야.

"지진에 대해서 공부할수록 과학은 정말 재미있는 것 같아요."

즉시 피하라, 재앙의 메시지

"지진을 예측하는 건 어렵지만, 예기치 못한 지진이 발생하더라도 조금이라도 피해를 덜 받을 순 없을까요?"

그래서 마련된 것이 있어. 바로 조기 경보 시스템이야. 지진을 예측할 수는 없어도 큰 피해를 입히는 지진파가 도착하기 전에 대피할 수만 있다면 피해를 최소화할 수 있지 않을까? 사실 지진은 다른 자연재해보다 발생한 시각에서 피해가 발생하는 시각까지의 시간이 가장 짧다고 해도 과언이 아니야. 예를 들어, 태풍은 피해가 발생하기까지 수일, 홍수나 화산 폭발은 수 시간에서 수일이 걸리지. 하지만 지진은 짧게는 수 초에서 수십 초밖에 걸리지 않

P파와 S파의 속도 차이를 이용한 경보 시스템

기 때문에 지진 조기 경보 시스템이 매우 중요해.

"조기 경보 시스템은 그렇게 빠른 지진파보다 어떻게 먼저 지진이 발생했다는 사실을 우리에게 알려 줄 수 있나요?"

지진파는 보통 초당 6~7킬로미터의 속도야. 우리나라의 경우 대략 1분 내외로 지진파가 도착하지. 피할 수 있는 시간이 거의 없을 것 같지만, 긴급재난문자를 얼마나 빨리 받을 수 있느냐에 따라 피해 정도가 달라져. 그만큼 훨씬 피해를 줄일 수도 있지.

S파는 초당 3~4킬로미터이고, P파는 초당 6~7킬로미터야. P파가 S파보다 속도가 빠르지. 그럼 P파와 S파 중 어떤 지진파에 의해 더 많은 피해를 받을까?

"S파일 것 같아요. 땅을 좌우로 흔드니까요."

정답이야. P파는 빠르게 전파되고 피해가 적은 반면, S파는 느리지만 상대적으로 큰 피해를 주는 특성이 있어. 그래서 S파가 도달할 때까지 피할 수 있는 시간만 확보된다면 피해를 덜 받을 수 있지.

예를 들어, 포항에서 지진이 일어나면 S파가 서울에 도달하는 데 걸리는 시간은 약 76초야. 경보가 없을 때 100퍼센트 사망한다고 가정하고, S파가 도착하기 단 5초 전에만 긴급재난문자를 받더라도 인명 피해를 크게 줄일 수 있어. 뿐만 아니라 S파가 도달하기 전에 지진이 발생했다는 것을 알 수 있다면 원자력발전소나 대규모 가스 시설 등에 긴급 조치를 취해서 2차 피해를 최소화할 수도 있단다.

"지진 조기 경보 시스템이 정말 중요하군요. 이런 시스템은 최근에 개발된 것인가요?"

조기 경보 개념은 1868년 미국의 제임스 쿠퍼(James Cooper) 박사에 의해 소개되었어. 그는 큰 지진이 자주 발생하는 샌프란시스코 주변에 지진을 감지할 수 있는 장치를 설치하자고 주장했어. 활성 단층 주변에 지진을 관측할 수 있는 기기를 여러 곳에 설치한 다음 그 사이에 간단한 전화선을 연결해서 지진이 감지되면 전화선을 통해 사이렌 소리가 울리게 하자는 거였지.

"P파를 감지하고 사이렌 소리가 울리면 S파가 도달하기까지 피해를 최소화할 수 있는 시간이 생기겠군요."

그렇지. 하지만 쿠퍼의 생각이 실현된 것은 무려 120년이나 지나서였어. 오랜 시간이 흐른 뒤에야 실현된 이유는 지진계의 성능, 사회 전반적인 시스템을 갖추는 데 많은 시간이 걸렸기 때문이라고 생각해.

이 시스템이 최초로 적용된 나라는 멕시코야. 1985년 9월 19일 규모 8.0의 대지진이 멕시코 수도인 멕시코시티에서 발생했어. 약 만 명의 사망자와 약 3만 명에 달하는 부상자를 냈고, 건물의 대부분이 무너지면서 경제적 손실도 엄청났지.

멕시코시티는 호수를 메운 다음 건물을 지었기 때문에 지반이 취약해서 흔들림이 심했어. 막대한 피해를 입은 뒤, 멕시코 정부는 판 경계부 근처 12곳에 지진 관측소를 만들어서 지진 조기 경

1985년 멕시코시티 지진으로 붕괴된 건물

보 시스템인 SASMEX(Mexican Seismic Alert System)를 정착시켰어. 일반인들에게 경보를 전파하는 가장 오래된 지진 조기 경보 시스템이야. 멕시코에서는 이 시스템을 이용하여 1995년 게레로주에 규모 7.4 지진이 발생했을 때 S파 도착 72초 전에 경보를 울렸어. 지진이 도심을 강타하기 50초 전에 지하철을 정지시켰고, 학생들을 모두 대피시키는 등 지진 조기 경보는 성공적이었지.

지진 조기 경보 시스템은 각 나라마다 조금씩 달라. 일본에서는 고속철도인 신칸센 선로 주변에 지진파 관측 기기를 설치하고 피해가 예상되는 어느 정도 규모 이상의 지진파가 감지되면 모든 열차가 자동으로 정지하도록 구성해 두었어. 실제로 2004년 니가타현 중부 지방에 규모 6.8 지진이 발생했을 때, P파를 관측하고 바로 경보를 발령해서 운행 중인 열차를 자동으로 정지시켰어. 하지만 열차 속도가 점점 줄어드는 과정에서 S파의 영향으로 철로가 심하게 휘면서 일부 객차는 철로 밖으로 튕겨져 나갔지.

다행히 승객 151명 중 희생자는 단 한명도 없었어. 만약 속도가 줄어들지 않은 채 튕겨져 나갔다면 혹은 마주 오는 열차와 엄청난 속도로 충돌했다면 대형 열차 사고로 이어졌을 거야. 다행히 지진 조기 경보 시스템 덕분에 큰 사고를 막을 수 있었던 거지.

"지진 조기 경보 시스템을 적극적으로 활용하는 것이 지진 피해를 줄이는 방법일 수 있겠어요."

지진의 영향으로 휘어진 철로(좌)와 탈선한 신칸센 열차(우)

　지진 조기 경보 시스템의 성공 사례는 또 있어. 2019년 쓰촨성에서 발생한 이빈 지진은 규모가 5.8이었어. 이때 S파가 도달하기 30초 전에 사람들은 지진 조기 경보 메시지를 받고 목숨을 구했어. 지진이 발생한 인근 지역으로 텔레비전, 스마트폰을 통해 지진 조기 경보 메시지가 짧게는 10초, 길게는 61초 앞서 전달되었지. 중국 정부와 청두가오신감재연구소가 공동 개발한 '대륙지진조기경보망'이 잘 구축되어 있었기 때문에 지진 피해를 줄일 수 있었던 거야. 이빈 지진 외에도 다수의 지진에서 조기 경보 시스템이 큰 역할을 했어. S파가 도달하기 10초에서 60초 사이에 조기 경보 메시지를 보냄으로써 신뢰성이 더욱 높아졌단다. 대륙지진조기경보망은 220제곱킬로미터 면적에서 발생할 수 있는 지진에 대해 조기 경보 메시지를 발송할 수 있어. 때문에 중국에서 지진 발생이 가능한 주요 지역의 90퍼센트를 담당할 수 있다고 해.

"우리나라는 현재 지진 조기 경보 시스템이 얼마만큼 구축되어 있나요?"

우리나라는 2015년 이후 규모 5.0 이상의 지진에 대한 조기 경보 발표 시간을 상당히 많이 줄였어. 2015년에는 50초, 2016년에는 26~27초, 2017년에는 19초까지 단축시켰지.

"와! 상당히 많이 줄었네요. 더 단축할 수도 있나요?"

그렇단다. 지금 우리나라 지진 조기 경보 시스템은 네트워크를 기반으로 이루어져 있어. 네트워크 기반 조기 경보 시스템은 우선 다수의 지진 관측소로 구성된 관측 네트워크에서 측정하여 전송되는 자료에서 P파를 탐지해. 그리고 여러 관측소에서 탐지된 P파 정보를 기상청에서 조합한 다음 다양한 전파 수단을 활용해서 국민에게 지진 조기 경보 메시지를 제공하는 시스템이야.

"여러 관측소에서 얻은 자료를 종합하면 정확한 지진 정보를 얻을 수 있겠네요. 하지만 메시지를 보내기까지 시간이 꽤 걸리지 않을까요?"

그렇지. 정확하다는 장점이 있지만 메시지를 보내는 데 걸리는 시간이 길어질 수 있다는 단점이 있지. 이를 보완하기 위해 On-Site 기반의 지진 조기 경보 시스템을 연구하고 있어.

지진은 전파 시간이 굉장히 짧기 때문에 신속함이 굉장히 중요해.

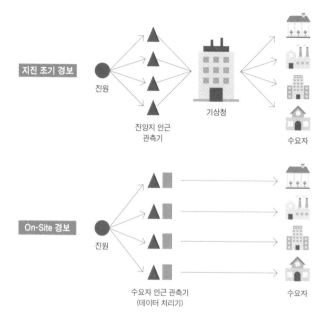

네트워크 기반 조기 경보 시스템과 On-Site 기반 조기 경보 시스템의 원리

그래서 지진이 발생한 지역에 있는 1~2개 관측소의 데이터를 활용하여 국민에게 지진 조기 경보 메시지를 제공하는 것이 On-Site 기반의 조기 경보 시스템이야. On-Site 기반의 경보 시스템은 빠르다는 장점이 있지만 상대적으로 P파 탐지의 정확성이 떨어질 수 있어. 그래서 네트워크와 On-Site 기반의 경보 시스템을 같이 활용해야 정확성과 신속성을 갖춘 지진 조기 경보 시스템이 정착될 수 있겠지.

공중 부양을 하는 건물이라니!

　지진이 발생했을 때 조기 경보 메시지를 받은 사람들은 대피할 수 있지만, 건축물처럼 이동할 수 없는 것들은 피해를 입을 수밖에 없어. 되도록 충격이나 피해를 입지 않도록 하는 기술을 개발하려고 노력하고 있지. 혹시 '내진 설계'라는 말 들어 본 적 있니?

　"지진 관련 뉴스에 항상 등장하는 말이잖아요. 지진의 충격을 견딜 수 있도록 건물을 튼튼하게 짓는 것과 연관되어 있고요."

　맞아. 지진에 대비하여 건축물 또는 구조물을 안전하고 튼튼하게 설계하는 것을 내진 설계라고 해. 내진 설계는 크게 세 가지로 구분할 수 있어.

종류	설계 방법
내진 설계	• 건축물 및 구조물이 진동에 대하여 견딜 수 있도록 설계하는 방법 • 건물에 필요한 철근 및 보강재의 강도를 높이는 방법 • 설계 시 필요한 재료의 접합 부분을 튼튼하게 결속하는 방법 • 설계 시 필요한 재료들의 적절한 배치로 구조물 자체의 강도를 높이는 방법
제진 설계	• 지진으로 인해 건축물 및 구조물이 받는 진동(흔들림)을 제어하는 설계 방법 • 진동을 반대 방향으로 상쇄시키는 방법 • 구조물의 특정 부위를 일부러 약하게 하는 방법으로, 많이 변형되지만 잘 부러지지 않도록 해서 지진 에너지를 흡수하게 만드는 방법
면진 설계	• 지진에 의한 진동(흔들림)이 건축물 및 구조물에 전달되지 않도록 설계하는 방법 • 가장 비용이 많이 드는 설계 방법

내진 설계의 종류와 방법

"제진 설계나 면진 설계에 대해서는 처음 들어요. 조금 더 자세히 설명해 주세요."

먼저 제진 설계 방법 중 진동을 반대 방향으로 상쇄시키는 방법에 대해서 알아보자.

지진이 발생하면 흔들림 때문에 지표에 있는 높은 구조물이나 건축물은 휘청거릴 거야. 이때 구조물의 하부는 지표가 흔들리는 방향과 같은 방향으로 움직이지만, 상부는 지표가 흔들리는 방향과 반대 방향으로 움직여.

"마치 달리던 자동차가 갑자기 멈추면 몸이 앞으로 쏠리고, 갑자기 출발하면 몸이 뒤로 움직이게 되는 것과 비슷하네요!"

그렇지. 그건 관성 때문이야. 만약 이런 흔들림이 심해지면 구

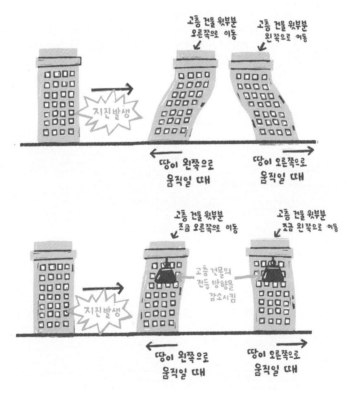

진동을 반대 방향으로 상쇄시키는 제진 설계

조물은 파괴되고 말 거야. 그런데 구조물의 상부가 움직이려고 하는 방향과 반대쪽으로 움직이도록 만들면 충격을 상쇄할 수 있어. 지표 위에 떠 있는 무엇인가가 구조물이 움직이려는 것을 막아 주도록 하는 거지.

"혹시 무거운 추 같은 것을 건물 꼭대기에 매달아 두는 걸까요?"

고층 건물에 무거운 추를 매달아 둔다면 구조물의 상부가 지표의 반대 방향으로 움직이는 것을 잡아 주는 역할을 하겠지? 그러면 건물의 흔들림을 완화시키는 역할을 할 수 있어.

"꼭 공상과학영화에 나오는 이야기 같아요. 실제 적용된 건물이 있나요?"

세계에서 가장 스마트한 구조물로 손꼽히는 '타이베이 101'이라

©Wikimedia Commons

타이베이 101 안에 설치된 거대한 추

는 건물이야. 겉모습은 보통의 건물과 다를 바 없지만 거대한 추가 설치되어 있단다. 지진이나 바람에 대해서 건물을 안전하게 지키기 위해 설치한 구조물이지. 이 같은 구조물을 완충기(Damper)라고 하는데, 움직임을 감쇄시키는 역할을 해. 타이베이 101 안에 설치된 추는 지름이 6미터, 무게가 약 660톤에 달하고, 이를 지지하는 구조물은 5층에 해당하는 높이를 차지해.

우리나라의 대표적인 유적 첨성대에서도 제진 설계의 원리를 찾아볼 수 있어. 경주 지진이 발생했을 때 역시 약간 기울어진 것 이외에는 큰 피해를 입지 않았던 이유가 여기에 있단다. 첨성대 꼭대기에 설치되어 있는 네모난 모양의 구조물은 정자석이라고 하고, 상단부에 튀어 나와 있는 구조물은 비녀석이라고 해. 이 두 구조물 때문에 첨성대가 강한 지진에도 버틸 수 있었어. 특히 정자석은 마치 완충기처럼 첨성대가 흔들리지 않도록 안정적으로 눌러 주는 역할을 한다고 해.

우리나라 연구진이 실제 크기 5분의 1 모형의 첨성대를 제작하고, 첨성대에 정자석이 있을 때와 없을 때

정자석

비녀석

첨성대의 정자석과 비녀석

를 비교하는 실험을 했어. 그 결과 확실한 차이가 있었지. 정자석이 없는 첨성대는 무너지고 말았어. 무려 1400년 전 우리 선조들의 건축 기술이 상당히 뛰어나다는 것을 알 수 있겠지?

또 다른 제진 설계로는 지진에 의한 충격을 구조물이 골고루 분담함으로써 보다 덜 흔들리게 만들어 건물이 파괴되는 것을 줄이는 방법이 있어. 즉, 건물 외벽에 비교적 변형되기 쉬운 철골 구조물을 설치하는 거야. 철골 구조물을 피스톤 방식으로 설치하거나 진동 에너지를 흡수할 수 있는 장치를 이용해서 이으면, 지진이 발생했을 때 철골 구조물이 변형되면서 원래의 구조물에 집중되어야

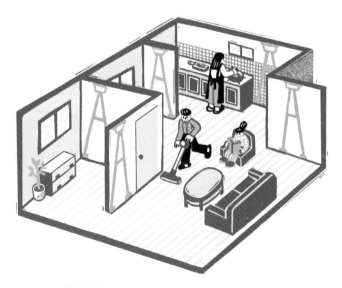

건물 외벽에 변형되기 쉬운 구조물을 설치하는 제진 설계

할 진동 에너지를 흡수하는 거야. 즉, 에너지를 분산시키는 거지.

"건물 외부뿐만 아니라 내부에도 설치해 두면 피해를 더 줄일 수 있지 않을까요?"

물론이지. 우리가 살고 있는 공간에도 벽이 있잖아. 이 벽 내부에 비교적 변형되기 쉬운 철골 구조물을 설치해 두면 도움이 돼.

마지막으로 면진 설계 방법에 대해서 알아볼 텐데, 그 전에 생각해 볼 게 있어. 만약에 건물이 공중 부양한다면 어떨 것 같니?

"공중 부양 건물이라니, 그거야말로 영화나 소설 속에서나 등장하는 것 아닌가요?"

당연히 실제로 공중 부양하는 건물은 아직 없어. 하지만 공중

면진받침이 설치된 구조물

부양과 비슷한 효과를 볼 수 있는 구조물에 관한 연구가 활발히 진행되고 있단다. 바로 면진 설계 방법에서 핵심 구조물인 면진받침(Seismic Isolator)이야. 면진받침은 건축물이나 구조물의 무거운 하중을 견딜 수 있으면서도 지표가 움직이는 방향으로 유연하게 움직일 수 있게 하는 구조물이야.

면진받침이 지진에 의한 진동 에너지를 흡수하는 동시에 건축물 또는 구조물을 지표와 같은 방향으로 움직일 수 있도록 도와주는 역할을 해. 면진받침이 설치된 구조물 모형에 지진이 일어났을 때와 같은 진동을 주면, 지면에 바로 설치된 구조물에 비해 흔들림이 적은 것을 알 수 있어.

"앞으로도 내진 설계 기술이 더 많이 발달해서 지진으로부터 더욱 안전해졌으면 좋겠어요."

건물에 투명 망토를 씌우자

너희들 혹시 영화 〈해리포터〉 본 적 있니?

"제가 제일 좋아하는 영화예요. 그중에서 가장 기억에 남는 장면은 해리가 꼭 지니고 다니면서 위기 상황에서 몸을 숨기기 위해 사용하는 투명 망토예요."

"저도 그 장면 재미있게 봤어요. 정말로 그런 투명 망토가 있으면 얼마나 재미있을까요?"

마법 세계에서만 존재할 것 같은 그 투명 망토가 현실이 되고 있단다. 여러 나라에서 실제로 개발하고 있고, 어느 정도 성공도 했지. 우리나라에서도 얼마 전 투명 망토처럼 빛을 숨기는 신소재를 개발했어. 광주과학기술원(GIST)은 고등광기술연구소의 한 연구팀이 빛으로부터 물체를 감추거나 입사하는 빛의 위상 정보를 완전히 없애서 복원할 수 없도록 하는 광디렉 분산 물질(Photonic Dirac Dispersion Material)을 개발했다고 밝혔어. 이 물질은 마치 투명 망토를 쓴 것처럼 물체가 사라져 보인다고 해.

우리가 사물을 인지하기 위해서는 빛이 사물에 도달해야 해. 도달한 빛이 반사되어 우리 눈으로 들어오게 되면 사물을 인지할 수 있게 되는 거야. 하지만 바로 눈앞에 있는 물체는 보이지만 그 뒤

투명 망토의 원리

에 숨어 있는 다른 물체는 보이지 않아. 예를 들어, 예쁜 꽃을 본다고 가정할 때 꽃은 눈에 보이지만 꽃 뒤에 숨어 있는 나비는 볼 수 없지.

"그럼 꽃에 투명 망토를 씌우면 꽃은 보이지 않겠지만 나비가 보이나요?"

맞아. 투명 망토를 씌운 물체에는 빛이 도달하지 못하고 물체를 타고 넘어 가서 나비에 도달하지. 그럼 우리는 꽃은 볼 수 없고 나비만 볼 수 있게 되는 거야. 이러한 투명 망토의 원리를 이용해서 지진에 대비할 수 있는 방법을 연구하고 있단다.

"정말이요? 그러면 건물에 투명 망토를 씌우는 건가요?"

그렇다고 볼 수 있어. 그리고 지금 연구되고 있는 빛의 성질을

빛의 굴절로 보이는 위치가 달라지는 물고기

이용한 지진 대비 방법은 또 있어. 빛의 굴절을 이용한 방법이야.

깜깜한 밤에 물고기를 잡으려면 손전등으로 수면을 비춰야겠지? 그럼 물고기 주둥이에 반사된 빛이 우리 눈으로 들어올 거야. 그런데 빛이 물속에서 공기 중으로 나오면 속도가 달라져서 진행 방향의 각도가 꺾여. 하지만 우리가 빛을 받아들일 때는 직진한다고 생각하기 때문에 실제 위치보다 더 수면에 가깝고 조금 더 뒤쪽에 물체의 상이 맺힌단다. 보통 자연에서는 매질에 따라 굴절하는 정도는 다르지만 굴절 방향은 같아. 하지만 굴절률이 큰 액체 속에 있는 물체는 수면 위와 아래의 위치가 다르게 보이지.

"정말 신기하고 재미있어요. 빛의 굴절과 관련된 또 다른 이야

빛의 굴절 현상으로 인한 착시

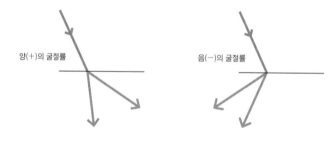

양(+)의 굴절률   음(−)의 굴절률

빛의 굴절률과 굴절 방향

기도 해 주세요."

액체가 담긴 비커에 빨대를 집어넣으면 수면을 경계로 윗부분과 아랫부분이 서로 어긋난 것처럼 보인다는 사실 알고 있지? 그런데 어긋난 것을 넘어 서로 반대 방향으로 놓인 것처럼 보이는 경우도 있단다.

"어떻게 그럴 수 있는 거예요?"

그건 바로 매질이 가질 수 있는 굴절률의 차이 때문이야.

공기 중에서 직진하던 빛이 매질을 통과하게 되면 보통 자연에서는 양(+)의 굴절률을 가져. 그런데 음(−)의 굴절률을 가지는 매질이 있다면 물속 사물은 어떻게 보일까? 두 가지 경우가 있어. 수면 위로 떠오른 물고기를 볼 수도 있고, 원래 물고기 위치와 반대 방향으로 물고기 상이 맺힐 수도 있지.

"아! 그럼 아까 말한 비커 속 빨대 이야기는 두 번째 경우에 해

• 수면 위 물고기

• 원래 위치와 정반대 방향의 물고기

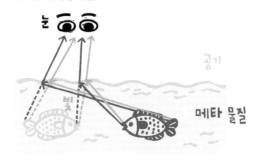

음(—)의 굴절률을 가진 메타 물질을 이용한 투명 망토 효과

당하는 거군요."

그렇지. 바로 이런 음(—)의 굴절률을 가지는 물질을 메타 물질
이라고 해. 메타 물질을 건물 주변에 잘 배치한다면 지진파가 건
물에 도달하지 못하고 건물을 돌아가게 만들 수 있지. 지진파 입
장에서는 건물이 투명 망토를 쓴 것처럼 없어지는 거야.

프랑스의 한 연구팀은 2012년부터 그르노블 지역 인근의 한 고산 지대에 인공 지진파를 일으켜서 진동 주기를 분석하고, 진동 주기에 대한 메타 물질을 만들어 배치했어. 그 결과, 지진파의 힘이 한층 약해졌다는 결과를 발표했단다.

"지진을 곧 피할 수 있는 날이 올 수도 있겠네요! 그런데 메타 물질은 어떻게 생겼어요?"

음(−)의 굴절률은 자연에서 존재하지 않아. 그래서 기존의 물질을 반복적인 패턴으로 배치하거나 다양한 크기를 가진 매질을 배치해서 음(−)의 굴절률과 같은 효과를 보게 만들 수 있어. 이탈리아의 콜로세움도 메타 물질처럼 단순한 배치와 반복적인 패턴으로 만들어졌어. 지진이 자주 발생하는 이탈리아에서 콜로세움이 굳건하게 지금까지 있을 수 있는 이유는 메타 물질과 유사하게 건물을 만들었기 때문이라고 하는 견해를 가진 과학자도 있어.

"우리나라에서도 메타 물질이 연구된 적 있나요?"

물론이지. 우리나라도 메타 물질 연구가 활발히 진행되고 있어. 한국표준과학연구원(KRISS) 안전측정센터와 광주과학기술원 기계공학부의 공동연구팀이 음파 메타 물질을 만들기도 했어.

지진파 탐사를 통해 지구 내부 구조를 알 수 있는 것처럼 바다 내부 구조를 조사할 때에는 음파를 이용해. 하지만 메타 물질은 음파가 도달하지 못하게 하지. 메타 물질은 단순한 모양이지만 음

메타 물질을 이용한 지진파 실험

파의 진동 주기와 메타 물질의 종류, 간격, 배치 등 다양한 요소를 고려해서 만들어야 해.

"만약 메타 물질을 잠수함에 적용한다면 잠수함이 투명 망토를 쓴 것처럼 되겠어요."

그렇다고 볼 수 있지. 이 같은 원리로 메타 물질을 이용하면 지진파를 피할 수 있어. 실제로 인공 지진을 일으켜서 지진파가 어느 정도 도달하는지 연구한 실험이 있어.

'Source'라고 표시된 부분이 지진을 발생시키는 장소야. 파란색으로 표시된 구역에 메타 물질을 심어 두고, 노란색으로 표시된 구역에는 지진파를 감지할 수 있는 측정기를 설치했지. 실험 결과가 어떻게 됐을까?

메타 물질을 설치해 둔 영역은 지진이 발생한 지점에서 가깝지만 진동이 거의 없거나 약했어. 오히려 거리가 먼 지역에서 진동이 더 심하게 측정되었지. 메타 물질이 정말로 투명 망토 역할을 하고 있음을 알 수 있어.

"그런데 궁금한 것이 있어요. 메타 물질 때문에 지진파가 도달하지 못하고 건물을 돌아가게 한다면, 그 건물 주변에 있는 또 다른 건물들은 피해가 더 크지 않을까요?"

그럴 수 있지. 그럼 이 기술은 어디에 적용하면 좋을까? 원자력 발전소, 송전탑, 유적지 등 주변에 인구 밀도가 낮고 중요한 건물에 메타 물질 같은 지진 대비 기술을 적용하면 효과적일 거야.

지진의 미래가 보이나요?

규모 7.0 지진 발생, 인명 피해는 제로!

우리나라에서 규모 7.0의 강진이 발생했다. 그러나 인명 및 건축물 피해는 없었다.

지진이 발생한 곳은 '활성 단층 찾기 프로젝트'를 통해 지질학자들이 발견한 단층이 존재하는 지역이다. 지진을 연구하는 지구물리학자들의 지속적인 관측이 이루어지고 있는 곳이었기에 피해를 줄일수 있었다. 지진학자들은 활성 단층에 가장 가까운 지진 센터에서 관측된 P파를 분석함으로써 진원, 규모 및 S파 도착 시간 등을 정확하게 파악해 시민들에게 알렸다.

시민들은 자신이 위치한 곳으로부터 가장 가까운 지진 대피소로 몸을 피했다. 다행히 아무런 인명 피해 없이 모두 안전한 곳으로 이동할 수 있었다. 해당 지역 시민들은 지진에 대한 일반적인 특징 및 최근에 발견된 활성 단층, 지진이 발생했을 때 대피 요령 등에 대하여 잘 숙지하고 있었다. 평소 지진 관련 과학 커뮤니케이터의 강의를 듣는 등 꾸준히 관심을 가지고 지식과 정보를 습득한 덕분이다.

건축물 피해 역시 적었다. 공학자들에 의해 개발된 메타 물질을 이용하여 건축 전문가들이 만든 새로운 면진 설계의 역할이 컸다.

이처럼 다양한 분야에서 노력해 온 수많은 사람들이 있었기에 더 이상 지진에 큰 피해를 입지 않는 현재를 맞이했다. 지진, 이제는 무섭지 않다.

— 2035년 ××월 ××일, ○○신문, ○○○ 기자

어때? 언젠가 이런 뉴스를 들을 수 있을까?

"미래에는 정말 더 이상 지진 피해를 입지 않을 수 있을까요?"

단정할 수는 없지만 충분히 가능하다고 생각해. 하지만 그러기 위해서는 다양한 분야에서 여러 방면으로 끊임없이 연구되어야겠지.

"저 뉴스가 진짜라면, 새로운 면진 설계 방법을 고안해 낸 건축

가들에게 박수 쳐 주고 싶어요. 지진 피해를 막을 수 있는 방법을 연구하는 사람들이 정말 대단해요."

지진과 관련된 연구가 계속되면, 그와 관련된 새로운 직업들도 등장하지 않을까? 미래에는 지금과는 다른 새로운 기술을 적용한 연구도 있을 테고, 그에 맞는 새로운 직업도 생길 거야.

"어떤 직업이 새로 생길까요?"

우리가 같이 읽었던 뉴스 기사에서도 힌트를 얻을 수 있어. 우선, 활성 단층을 찾는 지질학자들이 있을 것 같아. 활성 단층을 찾기 위해서는 지표 상태를 먼저 확인해야 해. 단층은 주변에 비해 상대적으로 약하기 때문에 지표에서 선이나 띠 모양 등의 지형을 형성하는 경우가 많아. 예전에는 활성 단층을 찾으려면 직접 걸어 다니면서 노두 및 지표 구조를 확인하는 등 많은 노력이 필요했어. 하지만 현재는 위성사진 및 항공사진 등을 이용하지.

"그런데 단층이 있는 지역이 숲이나 건물 등으로 가려져 있으면 위성 및 항공사진을 이용하는 것은 어렵지 않을까요?"

그렇지. 그럼 활성 단층을 찾는 미래 지질학자들에게 필요한 것은 무엇일까? 바로 숲이나 건물 등이 없는 지표 상태에서 활성 단층을 찾는 일이야. 현재 연구되고 있는 방법 중 하나는 항공기에서 지표를 향해 레이저를 발사하고, 지표에서 반사된 레이저와 숲 및 건물에 의해 반사된 레이저의 특징 차이를 이용하는 거야. 물론 미래에는 현재 연구되고 있는 기술이 적용될 뿐만 아니라 더 많은 기술들을 활용하여 활성 단층을 쉽게 찾아낼 수 있을 것으로 기대된단다.

지진을 연구하는 지구 물리학자 역시 중요해. 지구물리학은 물리학을 이용해서 지구를 연구하는 학문 분야지. 그중에서 지진을 연구하는 학자를 지진학자라고 부르기도 해. 지진학자는 지진이 발생했을 때 시민을 빠르게 대피시키기 위해 P파의 특징만으로 진원, 규모 및 S파 도착 시간 등을 파악하는 연구를 할 수 있지. 그러려면 그 전에 발생했던 지진 관련 데이터들을 취합하고 분석하는 능력을 갖춰야 할 것 같아. 많은 데이터를 조합하여 자신이 원하는 결과를 얻기 위한 프로그래밍도 필요하지.

프로그래밍은 수식이나 작업을 컴퓨터에 알맞도록 정리해서 순서를 정하고 컴퓨터 특유의 명령코드로 고쳐 쓰는 작업을 총칭해. 특히 컴퓨터의 명령코드를 쓰는 작업을 코딩이라고 하지. 너희 중에도 배운 적 있는 사람이 있을 거야.

"프로그래밍 능력을 갖춘 미래의 지진학자들이라니, 정말 기대돼요."

또 다른 지진 관련 직업으로는 지진파를 비켜 나가게 하거나 분산시킬 수 있는 메타 물질을 연구하는 공학자 및 물리학자가 있을 것 같구나. 앞에서도 이야기했듯이 메타 물질은 아직 자연에서 발견되지 않은 특성을 가지도록 설계된 물질이야. 지진에도 다양한 주파수가 존재하는데, 각 주파수에 해당하는 메타 물질을 만들 수 있다면 지진이 발생했을 때 건물이 피해를 받지 않을 수 있어. 지진 관련 메타 물질을 연구하는 공학자 및 물리학자들의 끊임없는 노력으로 언젠가는 그런 날이 올 수 있지 않을까?

그리고 면진 설계 기술력을 갖춘 건축학자도 나올 거야. 물론 지금도 많은 건축학자가 튼튼한 면진 구조 건물을 지으려는 노력을 하고 있지. 하지만 미래에는 단순히 건축물을 짓는 것이 아니라, 지진에 대응할 수 있도록 건축물의 강도나 강성을 증가하지 않고 면진 재료에 의해 구조물이 지진 피해를 덜 받을 수 있도록 설계해야 해. 구조물을 지반의 진동에서 격리하고 건축물 자체에 큰 힘이 적용하지 않게 하여 지진으로 인한 파괴와 파손을 방지하는 거지. 그렇게 우리의 재산 가치를 보호하고, 기능성 및 거주성 등을 확보할 수 있도록 설계하는 건축학자가 필요할 거야.

더불어 면진 재료를 연구하는 직업도 생겨날 것으로 예상돼. 현재 면진 구조 건물에 적용되고 있는 기술은 고무를 사용하고 있어. 이 면진 고무의 성질을 연구하는 직업 역시 등장할 수 있는 거지.

그리고 먼 미래에는 지구뿐만 아니라 달 또는 화성에도 건물을 짓고 살 수 있지 않을까? 그렇다면 지구에서 발생하는 시신 외에도 다른 행성에서 발생하는 지진을 연구하는 일도 필요할 거야.

그럼 다른 행성에서 일어나는 지진을 전문적으로 연구하는 사람도 생기겠지.

"음…… 그런 사람들은 행성 지진학자라고 부르면 어떨까요?"

행성 지진학자라니, 굉장히 멋진 직업일 것 같구나.

지진을 연구할 때 잊어서는 안 될 중요한 게 하나 있어. 열심히 연구해서 나온 좋은 결과가 사람들에게 알려져서 지진을 대비할 수 있도록 해야 한다는 점이야. 사실 여러 과학자들이 열심히 연구한 것들이 많은 사람들에게 전달되기는 어려울 수 있어. 지진에 대한 사람들의 관심이 중요한 이유지. 만약 사람들이 지진에 관심을 가지고 있지 않다면, 아무리 좋은 기술과 방안이 있더라도 지진이 발생했을 때 피해를 입을 수밖에 없지 않을까? 이때 그 중간 역할을 하는 직업이 과학 커뮤니케이터가 아닐까 생각해.

과학 커뮤티케이터의 역할은 많은 사람들이 과학에 흥미를 가질 수 있도록 돕는 거야. '과학의 대중화'를 이끌고, 이론 대신 다양한 체험과 상상을 권장하면서 사람에게 과학을 쉽게 이해시키고, 창의적인 아이디어를 키워 주는 거지. 과학 커뮤니케이터를 통해 지진 관련 강의를 들었다고 생각해 봐. 지진에 대한 전반적인 상식, 현재 활발하게 진행되고 있는 연구 결과, 대피 요령 등을 잘 숙지하고 있으면 지진이 발생했을 때 지진을 두려워하거나 무서워하지 않고 극복할 수 있지 않을까?

물론 지금 당장 이루어지기는 힘들 거야. 그리고 많은 실패가 있을 거야. 꾸준한 노력이 필요한 일이지. 전복후계(前覆後戒)라는 고사성어를 알고 있니? 앞 전, 뒤집힐 복, 뒤 후, 경계할 계. 즉, 앞 수레가 뒤집힌 자국은 뒷 수레의 좋은 경계가 된다는 뜻이야. 지진의 미래도 이와 같다고 생각해. 이전에 일어났던 지진은 미래에 발생할 지진의 좋은 사례가 될 수 있어. 그렇기 때문에 과거와 현재에 발생하는 지진을 열심히 연구하고 기술을 적용시켜 나간다면 미래에는 지진을 극복할 수 있을 거라고 생각해.

부록

지진이 발생했을 땐 이렇게!

지진이 발생했을 땐 이렇게!

만약 지금 이 순간 지진이 발생했다는 긴급재난문자를 받았다면 어떻게 해야 할까?

"바로 밖으로 달려 나가야죠."

"흔들릴 때 달려 나가면 다칠 수도 있잖아요. 진동이 멈춘 다음 밖으로 대피하는 게 좋을 것 같아요."

지진이 발생하면 건물이 무너지는 것 말고도 위험한 상황이 많아. 가스관

2021/08/30 오전 09:34

긴급재난문자
[기상청] 08-30 09:31
경북 경주시 남남서쪽
11km 지역 규모 4.8 지진
발생/여진 등 안전에 주의
바랍니다.

Type message...

이 파열되어 일어나는 화재, 건물이 흔들리면서 떨어지는 물건, 간판이나 유리 등의 파손, 사람들이 한꺼번에 출입구로 몰리면서 넘어지고 쓰러지면서 다치는 경우 등 굉장히 많은 피해를 입을 수 있어. 이때 안전하게 대피하는 방법을 알고 있다면 위급 상황에서 큰 도움이 되지.

"경주 지진과 포항 지진 이후로 학교에서 지진 대피 훈련을 많이 하고 있어요. 그런데 학교가 아닌 다른 장소에서는 지진이 발생했을 때 어떻게 해야 할까요?"

〈비상식품〉

물, 통조림, 라면 등 가열하지 않고
먹을 수 있는 것

〈구급약품〉

연고, 감기약, 소화제,
복용 중인 약 등이 포함된 구급함

〈생활용품〉

간단한 옷, 화장지, 물티슈, 라이터,
여성용품, 비닐봉지

〈기타〉

라디오, 손전등 및 건전지,
휴대전화 보조배터리, 비상금, 비상연락망 등

'자연재난행동요령'을 보면 재해가 일어났을 때 어떻게 대처하면 좋을지 나와 있어. 국민재난안전포털 누리집(www.safekorea.go.kr)에서 내려받을 수 있으니 주변 사람들에게도 알려 주면 피해를 더 많이 줄일 수 있을 거야.

먼저, 평소 지진에 대비해 비상용품을 준비해 두는 것이 좋아. 비상식품의 경우 유통기한을 잘 확인하고 가방에 미리 싸 두면 좋겠지? 사실 선생님은 평소에 들고 다니는 가방에도 손전등, 휴대전화 보조배터리, 휴대용 다용도 칼, 물, 물티슈 정도는 늘 챙겨 둔단다.

그럼 집에 있을 때 지진이 발생한다면 어떻게 대피해야 할까?

1. 튼튼한 탁자 아래에 들어가 몸을 보호하자.

지진으로 크게 흔들리는 시간은 길지 않기 때문에 튼튼한 탁자 아래로 들어가서 탁자 다리를 잡고 몸을 보호해야 해. 만약 탁자 아래와 같은 피할 곳이 없을 때에는 머리를 보호할 수 있는 것으로 최대한 머리를 보호하는 게 좋아.

2. 가스와 전깃불을 차단하고 문을 열어 출구를 확보하자.

흔들림이 멈추면 화재에 대비하여 가스와 전깃불을 끄고, 문이나 창문을 열어 언제든 대피할 수 있도록 출구를 확보해야 해.

3. 계단을 이용해서 밖으로 대피하자.

지진이 나면 엘리베이터가 멈출 수 있어. 그래서 신발을 신고 계단을 이용하여 건물 밖으로 나가야 해. 떨어지는 유리, 간판 등에 주의하고 머리를 보호하면서 대피해야 하지.

4. 건물이나 담장으로부터 떨어져서 이동하자.

건물 밖으로 나오면 담장, 유리창 등이 파손되어 다칠 수 있어. 건물과 담장에서 최대한 멀리 떨어져서 가방이나 손으로 머리를 보호하면서 대피해야 해.

5. 낙하물이 없는 넓은 공간으로 대피하자.

떨어지는 물건에 주의하며 신속하게 운동장이나 공원 등 넓은 공간으로 대피하고, 이동할 때에는 차량을 이용하지 않고 걸어서 대피해야 해.

집뿐만 아니라 학교, 마트, 지하철 등 다양한 장소에서의 대피 행동 요령도 알아 두면 훨씬 도움이 되겠지?

1. 백화점·마트에 있을 때

진열장에서 떨어지는 물건으로부터 몸을 보호하고 계단이나 기둥 근처로 피해야 해. 혹시 에스컬레이터를 타고 있다면, 손잡이를 잡고 앉아서 버틴 후 침착히 벗어나는 게 좋아.

2. 극장·경기장에 있을 때

흔들림이 멈출 때까지 가방 등의 소지품으로 몸을 보호하면서 잠시 동안 자리에 머물러 있어야 해. 흔들림이 멈추면 안내에 따라 대피하는 게 좋아. 사람이 많이 있는 장소에서는 인파가 갑자기 한 곳으로 몰리면 사고의 우려가 있으니 반드시 주변을 살피면서 대피해야 해.

3. 엘리베이터를 타고 있을 때

모든 층의 버튼을 눌러 가장 먼저 열리는 층에서 신속하게 내린 다음 계단을 이용해서 대피해야 해. 만약 엘리베이터 안에 갇혔을 때는 인터폰이나 휴대전화를 통해 구조를 요청해야 한단다.

4. 자동차를 타고 있을 때

비상등을 켜고 서서히 속도를 줄여 도로가에 차를 세운 다음 차에서 내려 대피해야 해. 이때 긴급 차량을 위해 도로의 중앙 부분은 꼭 비워 둬야 한단다. 대피할 때는 열쇠를 꽂아 두거나 놓아둔 채 문을 잠그지 않고 이동해야 해. 하지만 무너질 위험이 높은 다리 위에서는 주차하는 것이 오히려 더 위험할 수 있어.

5. 전철을 타고 있을 때

전철 안의 손잡이나 기둥, 선반을 잡고 넘어지지 않도록 조심해야 해. 전철은 사람이 많은 곳이므로 안내에 따라 출구 밖으로 대피하는 게 좋아.

6. 산이나 바다에 있을 때

돌·바위가 굴러 내려오거나 산사태가 발생할 수 있기 때문에 급한 경사지를 피해 평탄한 곳으로 대피해야 해. 만약 지진해일 특보가 발령되면 지진해일 긴급 대피 장소 등 높은 곳으로 신속하게 대피해야 한단다.

"다양한 상황에서 취할 수 있는 행동들을 알아 두면 정말 많은 도움이 될 것 같아요."

그렇지? 그런데 지진으로 인한 흔들림이 끝난 뒤에도 무척 조심해야 해. 지진의 충격으로 생긴 균열 등이 원인이 되어 위험한 상황이 올 수 있거든. 만약 집에 균열이 있거나 위험한 상황이라

지진 관련 국가 재난 표지판

면 임시로 잠을 잘 수 있는 곳이 필요해. 그런 장소를 알고 있니?

"넓은 공터로 대피하는 것까지는 알고 있는데, 임시로 잠을 잘 수 있는 장소는 잘 모르겠어요."

재해에 대비해서 임시로 머무를 수 있는 곳이 너희 집 주변 가까이에 있어. 지진에 잘 견딜 수 있는 구조로 만들어진 시설로, 자연재해 등으로 주거 시설을 상실하거나 사실상 주거가 불가능한 주민을 위해 제공되는 시설물이야. 내가 사는 지역에 있는 지진 옥외대피소와 지진 겸용 임시 주거 시설 등의 안전 시설 정보는 국민재난안전포털 누리집에서 찾아볼 수 있어. 비상시를 대비해 평소에 집 주변에 대피 장소가 어디에 있는지 살펴보고 알아 두면 좋겠지?

너희 혹시 이런 표지판을 본 적 있니?

"저희 형이 다니는 학교 앞에서 본 것 같아요."

내가 살고 있는 곳 주변에 저런 표지판이 있다면 지진이 발생했을 때 그곳으로 안전하게 대피할 수 있어. 혹은 지진 공원으로 대피할 수도 있지.

"지진 공원이요?"

정확하게 말하면 방재 기능을 갖춘 공원을 이야기한 거란다. 평소에는 일반적인 공원이지만 재난이 발생했을 때 각 시설 및 장소별로 숙박 시설, 물탱크, 긴급 식량, 화장실 등 재난 대응을 위한 수단으로서의 기능까지 갖춘 공원을 말하지. 우리나라도 현재 지진 방재 공원을 조성하기 위해 노력하고 있어.

"방재 기능을 갖춘 공원이 많아지면 정말 좋을 것 같아요."

맞아, 개인의 노력도 중요하지만 기술의 발전이나 국가적인 노력도 지진으로 인한 피해를 줄이는 데 매우 중요한 역할을 하지. 많은 사람들이 재난에 대비하고 대응할 수 있는 지식을 쌓고, 지진과 관련된 다양한 연구가 활발해지고, 국가 차원에서 지진 대비 시설을 많이 구축한다면 우리 사회가 조금 더 안전해지지 않을까?

참고 문헌

국립기상연구소, 『한반도 역사지진 기록(2년~1904년)』, 기상청, 2012.

기미코 가지카와, 『쓰나미, 그 거대한 재앙에서 살아남은 사람들의 이야기』, 노은정 옮김, 사계절, 2009.

아이뉴턴 편집부, 『지진은 이렇게 일어난다 : 지진의 발생 원인, 피해 사례, 예측과 방재 대책』, 아이뉴턴, 2017.

행정안전부, 『9.12 지진백서 : 9.12지진과 그 후 180일간의 기록』, 휴먼컬처아리랑, 2017.

행정안전부, 『2017 포항지진 백서 : 포항지진 발생에서 복구까지, 그리고 남은 과제…』, 휴먼컬처아리랑, 2017.

강태섭, 「달 지진과 내부구조」, 『지질학회지』 45권 6호, 2009.

대한지질학회, 「포항지진과 지열발전의 연관성에 관한 정부조사연구단 요약보고서」, 포항지진 정부조사연구단, 2019.

송윤호 외 3명, 「우리나라 EGS 지열발전의 이론적 및 기술적 잠재량 평가」, 『자원환경지질』 44권 6호, 2011.

이소희 · 박영진, 「지진재난 발생 전 동물 이상행동 목격사례 조사 분석」, 『한국방재학회논문집』 16권 6호, 2016.

정찬호 외 6명, 「지진 전조인자로서 지하수내 라돈 및 화학성분의 상관성 연구」, 『지질공학』 28권 2호, 2018.

지헌철 외 2명, 「지진조기경보시스템 : 개념과 현황」, 『물리학과 첨단기술』 20권 7/8호, 2011.

최성자, 「방재연구 − 활성단층지도 및 지진위험지도 제작」, 『방재저널』 13권 4호, 한국지질자원연구원, 2011.

G. Kinsland, K. Egedahl, M. Strong & R. Ivy, 「Chicxulub impact tsunami megaripples in the subsurface of Louisiana : Imaged in petroleum industry seismic data」, 『Earth and Planetary Science Letters』 570, 2021.

J. Limberger, T. Boxem, M. Pluymaekers, D. Bruhn, A. Manzella, P. Calcagno, F. Beekman, S. Cloetingh & J. Van Wees, 「Geothermal energy in deep aquifers : A global assessment of the resource base for direct heat utilization」, 『RENEWABLE & SUSTAINABLE ENERGY REVIEWS』 82, 2018.

P. Chen, J. Chen, W. Yao & B. Zhang, 「Study of the 2013 Lushan M = 7.0 earthquake coseismic ionospheric disturbances」, 『Natural Hazards and Earth System Sciences Discussions』 1(5), 2013.

S. Brule, E. Javelaud, S. Enoch & S. Guenneau, 「Experiments on Seismic Metamaterials : Molding Surface Waves」, 『Physical Review Letters』 112(13), 2014.

Y. Enomoto, T. Yamabe, K. Mizuhara, S. Sugiura & H. Kondo, 「Laboratory investigation of earthquake lightning due to landslide」, 『EARTH PLANETS AND SPACE』 72, 2020.

참고 사이트

기상청 www.kma.go.kr/kma

기상청 날씨누리 www.weather.go.kr

국립재난안전연구원 www.ndmi.go.kr

국민재난안전포털 www.safekorea.go.kr

지진연구센터 www.kigam.re.kr/quake

NASA www.nasa.gov

동아사이언스 www.dongascience.com

사이언스타임즈 www.sciencetimes.co.kr

이웃집 과학자 www.astronomer.rocks

KISTI의 과학향기 scent.kisti.re.kr

어, 지금 땅 움직였지?

ⓒ 김도형, 2021

초판 1쇄 발행일 | 2021년 8월 30일
초판 5쇄 발행일 | 2024년 1월 31일

지은이 | 김도형
펴낸이 | 정은영

펴낸곳 | (주)자음과모음
출판등록 | 2001년 11월 28일 제2001-000259호
주   소 | 10881 경기도 파주시 회동길 325-20
전   화 | 편집부 (02)324-2347, 경영지원부 (02)325-6047
팩   스 | 편집부 (02)324-2348, 경영지원부 (02)2648-1311
이메일 | jamoteen@jamobook.com
블로그 | blog.naver.com/jamogenius

ISBN 978-89-544-4752-2(43450)